Einzelkonstruktionen aus dem Maschinenbau

Herausgegeben von Dipl.-Ing. C. Volk-Berlin □ □ □ Siebentes Heft

Sperrwerke und Bremsen

Von

Dipl.-Ing. Richard Hänchen

Berlin

Mit 188 Textabbildungen

Springer-Verlag Berlin Heidelberg GmbH 1930

ISBN 978-3-662-40573-4   ISBN 978-3-662-41473-6 (eBook)
DOI 10.1007/978-3-662-41473-6

Vorwort.

Das vorliegende Heft gibt eine übersichtliche Darstellung der wichtigsten Bauarten der Sperrwerke und Bremsen. Da beide hauptsächlich im Hebezeugbau angewendet werden, wurden die Beispiele in erster Linie aus dem Gebiet der Winden, Krane, Aufzüge und verwandten Hebe- und Fördermittel entnommen. Auf die verschiedenartigen Fahrzeugbremsen finden die entwickelten Grundsätze sinngemäß Anwendung.

Die Bremsen werden zunächst allgemein (rechnerisch und konstruktiv) behandelt und nach Bauart und Wirkungsweise gegliedert. Hierbei tritt naturgemäß die doppelte Backenbremse in den Vordergrund, die bei den elektrisch betriebenen Hebezeugen allgemein bevorzugt wird. Ausführlich wurden dann noch die Bandbremsen und die Sperradbremsen behandelt. Von den nur noch für Handhebezeuge in Frage kommenden Lastdruckbremsen wurde lediglich das Grundsätzliche gebracht.

Bei den Festigkeitsrechnungen wurden die nach DIN 1350 genormten Zeichen angewendet, die sich auch im Maschinenbau mehr und mehr einbürgern. Die wichtigsten für die Herstellung der Sperrwerke und Bremsen in Betracht kommenden Werkstoffe sind in der Einleitung gruppenweise zusammengestellt und werden mit den genormten Kurzbezeichnungen geführt.

In einem Abschnitt „Besondere Anwendung der Bremsen im Hebezeugbau" werden die druckluftgesteuerten Bremsen, die Entleerbremsen für Greiferhubwerke und die selbsttätigen Windschutzbremsen für fahrbare Verladebrücken und Krane betrachtet.

Berlin, im Dezember 1929.

Richard Hänchen.

Inhaltsverzeichnis.

Einleitung.

A. Sperrwerke (Gesperre).

B. Bremsen.

Einleitung.

Anwendung und Einteilung der Sperrwerke und Bremsen.

Sperrwerke oder Gesperre werden im allgemeinen Maschinenbau, hauptsächlich jedoch im Hebezeugbau angewendet.

Man unterscheidet laufende Gesperre, die die Drehbewegung einer Welle im einen Sinne freigeben und im anderen sperren, sowie ruhende Gesperre, die die Drehbewegung in beiden Umlaufrichtungen sperren. Die im Hebezeugbau verwendeten Gesperre sind meist laufende Gesperre und haben bei den von Hand betriebenen Winden die Aufgabe, den Lastniedergang bei Aufhören der Antriebskraft zu sperren bzw. die Last in der jeweils erreichten Höhenlage festzuhalten. Die Sperrwerke sind Sicherheitsvorrichtungen und müssen daher selbsttätig wirken.

In besonderen Fällen werden auch laufende Gesperre angewendet, die die Drehbewegung der Welle (durch Umlegen der Sperrklinke) im einen oder im anderen Sinne sperren.

Hinsichtlich der Bauart unterscheidet man Zahngesperre (mit verzahntem Sperrad und Klinke) und Reibungs- oder Klemmgesperre.

Die Sperrwerke werden bei den Hebezeugen meist in Verbindung mit einer Bremse angewendet. Ohne Bremse werden sie nur bei Handwinden von untergeordneter Bedeutung und kleiner Tragkraft (bis etwa 300 kg) eingebaut. Bei motorischen Hubwerken werden Sperrwerke nur gelegentlich benutzt. Die Getriebeblätter des Ausschusses für wirtschaftliche Fertigung AWF 610 T (Text) und 610 B (Bilder)[1] geben eine allgemeine Kennzeichnung und Gliederung der für den Maschinenbau in Betracht kommenden Gesperre.

Bremsen sind Vorrichtungen, deren Aufgabe es ist, die Bewegung einer Maschine zu verzögern oder ganz aufzuheben. Das Bremsen geschieht durch Einschalten eines Reibungswiderstandes und hat daher stets die Vernichtung von Arbeit bzw. deren Umsetzung in Wärme zur Folge. Der zum Bremsen erforderliche Reibungswiderstand wird entweder unmittelbar an einem Rad (z. B. durch einen gegen seinen Kranz gepreßten Klotz) oder an einer besonderen, auf der Welle aufgekeilten Bremsscheibe hervorgerufen.

Die Bremsen werden bei Straßenfahrzeugen (Fuhrwerken, Kraftwagen und Schleppern), bei Schienenfahrzeugen (Lokomotiven und Wagen), sowie bei Aufzügen und Hebezeugen angewendet.

Hinsichtlich der Anwendung im Hebezeugbau unterscheidet man Hub-, Dreh- und Fahrwerkbremsen.

Nach der Bauart und Wirkungsweise werden die Hebezeug- (und Aufzug-) bremsen eingeteilt in:

Radialbremsen (Backen- und Bandbremsen) und

Axialbremsen (Kegel-, Scheiben- und Lamellenbremsen).

Bei den Radialbremsen wird das bremsende Organ (Backe oder Band) in radialer Richtung gegen die umlaufende Bremsscheibe gedrückt, wodurch der zum Bremsen erforderliche Reibungswiderstand erzeugt wird.

---

[1] Vertrieb durch: Beuth-Verlag, Berlin S. 14.

Bei den **Axialbremsen** sitzt der eine Bremsteil fest auf der Welle und wird durch den von der Last hervorgerufenen Längsdruck gegen einen am Windengestell festgehaltenen und entsprechend gestalteten Teil gepreßt.

Nach der Betätigung unterscheidet man: Gesteuerte Bremsen und selbsttätige Bremsen.

Die **gesteuerten** Bremsen sind entweder Schließungsbremsen, bei denen die zum Bremsen erforderliche Kraft von Hand bzw. durch Fußtritt ausgeübt wird, oder Lösungsbremsen, die durch ein Gewicht oder eine Feder angezogen sind und von Hand, elektromagnetisch oder durch Druckluft gelüftet werden.

Bei den **selbsttätigen** Bremsen wird die Bremskraft durch den Rückdruck der Last (Lastdruckbremsen) oder durch die Fliehkraft hervorgerufen (Fliehkraftbremsen).

Sperrwerk und Bremse werden auch organisch miteinander verbunden, wodurch die Bedienung des Windwerks wesentlich vereinfacht wird (**Sperradbremsen und Lastdruckbremsen**).

Durch die Vereinigung einer Handkurbel mit einem Sperrwerk und einer Bremse lassen sich verschiedene Bauarten von **Sicherheitskurbeln** ausführen. Diese haben den gewöhnlichen Kurbeln gegenüber den Vorzug, daß das beim Lastsenken auftretende, die Bedienungsmannschaft gefährdende Herumschlagen der Kurbeln vermieden wird.

Mit einer Fliehkraftbremse vereinigte Sperradbremsen und Sicherheitskurbeln bieten außer der vereinfachten Bedienung der Handwindwerke noch eine gewisse Sicherheit gegen unzulässig schnelles Senken bzw. Abstürzen der Last.

Werkstoffe.

Die wichtigsten für die Herstellung der Sperrwerke und Bremsen in Frage kommenden Werkstoffe sind nachstehend aufgeführt und hinsichtlich ihrer Festigkeitseigenschaften und ihrer Verwendung gekennzeichnet.

a) Gußeisen.

1. Ge 14·91[1]. Zugfestigkeit: $\min \sigma_B = 14\,\mathrm{kg/mm^2}$; Biegefestigkeit (am Biegestab von 600 mm Stützweite gemessen): $\min \sigma'_B = 28\,\mathrm{kg/mm^2}$; Durchbiegung (am gleichen Stab gemessen): $\min \delta = 7$ vH. Eigenschaften: Gut bearbeitbar.

2. Ge 18·91. $\min \sigma_B = 18\,\mathrm{kg/mm^2}$; $\min \sigma'_B = 18\,\mathrm{kg/mm^2}$; Durchbiegung: $\min \delta = 7$ vH. Gut bearbeitbar.

3. Ge 22·91. $\min \sigma_B = 22\,\mathrm{kg/mm^2}$; $\min \sigma'_B = 34\,\mathrm{kg/mm^2}$; Durchbiegung: $\min \delta = 8$ vH. Gut bearbeitbar.

4. Ge 26·91 (Sondergüte). $\min \sigma_B = 26\,\mathrm{kg/mm^2}$; $\min \sigma'_B = 46\,\mathrm{kg/mm^2}$; Durchbiegung: $\min \delta = 8$ vH.

Anwendung (1 bis 4): Bremsgewichte, Bremsbacken, Bremsscheiben für Handhebezeuge, Sperräder u. dgl.

5. **Temperguß** (schmiedbarer Guß). Abkürzung: Tg. $\sigma_B = 30$ bis $36\,\mathrm{kg/mm^2}$. Eigenschaften: Weich, zäh und hämmerbar.

Anwendung: Spannschlösser u. dgl.

b) Stahlguß.

1. Stg 38·81[2]. $\min \sigma_B = 38\,\mathrm{kg/mm^2}$; Bruchdehnung: $\min \delta = 20$ vH. Prüfung und Abnahme nach DIN 1681.

2. Stg 45·81. $\min \sigma_B = 45\,\mathrm{kg/mm^2}$; Bruchdehnung: $\min \delta = 16$ vH. Prüfung und Abnahme nach DIN 1681.

Anwendung: Hochbeanspruchte Sperräder, Bremsscheiben für motorisch betriebene Hebezeuge usw.

---

[1] Nach DIN 1691.   [2] Nach DIN 1681.

c) Maschinenbaustahl.

(Flußstahl geschmiedet oder gewalzt, unlegiert)[1].

1. St 34·11. $\sigma_B = 34$ bis 42 kg/mm²; min $\delta_5 = 30$ vH*; min $\delta_{10} = 25$ vH**. Eigenschaften: Einsetzbar, feuerschweißbar.

Anwendung: Blattschrauben für Bandbremsen und sonstige Schmiedeteile.

2. St 37·11 (Anlieferung). $\sigma_B = 37$ bis 45 kg/mm²; min $\delta_5 = 25$ vH; min $\delta_{10} = 20$ vH. Eigenschaft: Feuerschweißbar.

Anwendung: Kleine Schmiedeteile, rohe Kopfschrauben und Muttern.

3. St 42·11. $\sigma_B = 42$ bis 50 kg/mm²; min $\delta_5 = 24$ vH; min $\delta_{10} = 20$ vH. Eigenschaften: Noch einsetzbar, wenn Kern bereits hart sein darf. Schwer feuerschweißbar.

Anwendung: Bolzen, kleine Sperräder, Sperrklinken und -haken u. dgl.

4. St 50·11. $\sigma_B = 50$ bis 60 kg/mm²; min $\delta_5 = 22$ vH; min $\delta_{10} = 18$ vH. Eigenschaften: Nicht für Einsatzhärtung bestimmt, kaum feuerschweißbar, wenig härtbar.

Anwendung: Wie unter 3, jedoch bei höherer Beanspruchung.

5. St 60·11. $\sigma_B = 60$ bis 70 kg/mm²; min $\delta_5 = 17$ vH; min $\delta_{10} = 14$ vH. Eigenschaften: Härtbar, vergütbar.

Anwendung: Stifte, Paßschrauben, Einlege-, Feder- und Nasenkeile, Blatt- und Schraubenfedern u. dgl.

6. St 70·11. $\sigma_B = 70$ bis 85 kg/mm²; min $\delta_5 = 12$ vH; min $\delta_{10} = 10$ vH. Eigenschaften: Hoch härtbar, vergütbar.

Anwendung: Scheiben für Lamellenbremsen u. dgl.

Streckgrenze der Maschinenbaustähle (St 34·11 bis St 70·11): $\sigma_S \approx 0{,}70\,\sigma_B$.

d) Formstahl und Bleche.

1. St 00·12*** (Formeisen, Stabeisen, Bandeisen, Universaleisen). Handelsgüte.

Anwendung: Achshalter, Flacheisenhebel u. dgl.

2. St 37·12 (Flußstahl, gewalzt). Normalgüte.

Anwendung: ⌐-, ∟-, ⊏-, ⊥-Eisen und sonstige Profileisen.

3. St 34·13† (Flußstahl gewalzt, Nieteisen). $\sigma_B = 34$ bis 42 kg/mm².

Anwendung: Nieten.

4. St 38·13 (Flußstahl, gewalzt, Schraubeneisen). $\sigma_B = 38$ bis 45 kg/mm².

Anwendung: Rohe und blanke Schrauben, Gewindepfropfen u. dgl.

5. St 00·21 (Flußstahl gewalzt, Eisenbleche). Handelsgüte.

Anwendung: Bleche für untergeordnete Zwecke.

6. St 37·21 (Flußstahl gewalzt, Baublech I). $\sigma_B = 37$ bis 45 km/mm²; $\delta_r = 5$ bis 10 vH.

Anwendung: Winkelhebel und sonstige Konstruktionsteile aus Blech.

e) Rot- und Bronzeguß.

1. Rg 10†† (Rotguß 10, Maschinenbronze). Ungefähre Zusammensetzung: 86 vH Cu, 10 vH Sn und 4 vH Zn).

Anwendung: Lagerbüchsen und Lagerschalen.

2. G Bz 14 (Gußbronze 14)†††. Ungefähre Zusammensetzung: 86 vH Cu, 14 vH Sn.

Anwendung: Lagerbüchsen und -schalen, wenn Rotguß nicht mehr ausreichend.

3. G Bz 20 (Gußbronze 20). Ungefähre Zusammensetzung: 80 vH Cu und 20 vH Sn.

Anwendung: Scheiben für Lamellenbremsen u. dgl.

f) Kupfer.

1. B-Cu. $\sigma_B = 21$ kg/mm².

Anwendung: Nieten für Bremsbelage.

g) Sonstige Werkstoffe.

1. Pappelholz. Anwendung: Bremsbacken und -klötze.

2. Ferodofibre. Anwendung: Belag für Kupplungen und Bremsen.

3. Jurid: Anwendung wie bei 2.

---

[1] Nach DIN 1611.

* Bruchdehnung am Kurzstab gemessen.   ** Bruchdehnung am Langstab gemessen.

*** Nach DIN 1612.

† Nach DIN 1613.   †† Nach DIN 1705.

††† Früher Phosphorbronze, jetzt Zinnbronze (DIN 1705).

A. Sperrwerke (Gesperre).

Im folgenden bezeichnen allgemein:

M das von der schwebenden Vollast auf die Sperradwelle ausgeübte Drehmoment in kgcm.

$D_1 = 2\,R_1$ den Durchmesser des Sperrades in cm und $U_1 = \dfrac{M}{R_1}$ die Umfangskraft des Sperrades in kg.

I. Zahnsperrwerke (Zahngesperre).

Die Hauptteile eines Sperrwerks (Abb. 1) sind: das auf einer Windwerkwelle *1* aufgekeilte (verzahnte) Sperrad *2*, die Sperrklinke *3* und der am Windengestell befestigte Klinkenbolzen *4*.

Die Spärräder der selbständigen Gesperre erhalten allgemein Außenverzahnung (Abb. 1 bis 4). Innen verzahnte Sperräder werden nur in Verbindung mit einer Bremse (Sperradbremse) angewendet.

Abb. 1 erläutert die Arbeitsweise eines Windwerks mit Sperrwerk, jedoch ohne Bremse.

1. **Heben.** Durch den an der Handkurbel ausgeübten Druck wird das Windwerk in entsprechendem Sinne in Gang gesetzt. Die Sperradwelle dreht sich im Linkssinne, und die Zähne des Sperrades bewegen sich unter der Klinke fort.

2. **Lasthalten.** Die Kurbelwelle wird frei gegeben. Durch den Lastzug wird die Sperradwelle entgegengesetzt (im Rechtssinne) gedreht, der nächste Sperradzahn legt sich gegen die Klinke, die ihrerseits den Lastniedergang sperrt.

3. **Senken.** Die Kurbelwelle wird etwas im Hubsinne gedreht und die Sperrklinke ausgelegt. Die Kurbelwelle wird nun im Senksinne gedreht, wobei an der Kurbel ein ständiger Gegendruck ausgeübt werden muß, der der Last verhältnismäßig gleich ist.

Da das Loslassen der Kurbel bei ausgelegter Sperrklinke ein Abstürzen der Last zur Folge hat, so eignet sich diese Anordnung nur für Winden mit kleiner Hubhöhe (Zahnstangenwinden) und für Wandwinden kleiner Tragkraft (bis etwa 300 kg).

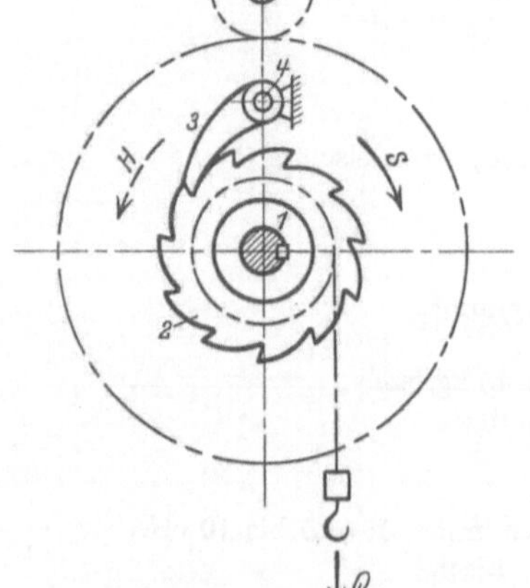

Abb. 1. Winde mit Zahnsperrwerk. (Schematische Darstellung.)
Q Last. *H* Heben. *S* Senken.

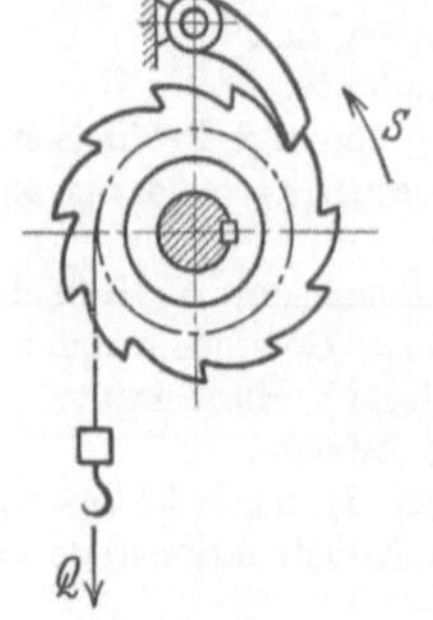

Abb. 2. Sperrwerk (linkssperrend).

Das Sperrwerk ist auf Abb. 1 rechtssperrend, das auf Abb. 2 linkssperrend. Im besonderen werden auch Sperrwerke hergestellt, die in beiden Drehrichtungen der Welle sperren (s. S. 10).

a) In einer Richtung wirkende Gesperre (Senkgesperre).

1. Zähnezahl und Zahnabmessungen.

Die Zähnezahl der Sperrwerke mit Außenverzahnung liegt, je nach der Bauart der Winde, zwischen $z = 6$ bis 20.

Selbständige Sperrwerke für Zahnstangenwinden (s. S. 6), Sperrwerke für Drucklagerbremsen (s. S. 70) und Sperrwerke für einfache Sicherheitskurbeln (s. S. 63) erhalten eine kleine Zähnezahl, $z = 5$ bis 8, meist 6. Sperrwerke für Wandwinden, Handkabelwinden (Bockwinden) und kleinere Handdrehkrane werden mit größerer Zähnezahl ($z = 10$ bis 15, ausnahmsweise bis 20) ausgeführt.

Bezeichnet t die im Bogenmaß gemessene Teilung in mm, so ist der Außendurchmesser des Sperrades (Abb. 3):

$$D_1 = z \cdot \frac{t}{\pi} \ldots \text{mm} \tag{1}$$

Damit der Durchmesser einen runden Wert erreicht, nehme man $\frac{t}{\pi}$, ebenso wie bei den Zahnrädern, als ganze Zahl an.

Zahnhöhe je nach Größe des Sperrwerkes: $h = 8$ bis 25 mm. Werkstoff des Sperrrades: Gußeisen (Ge), Stahlguß (Stg) oder Stahl (St $42 \cdot 11$).

Das Verhältnis der Zahnbreite zur Teilung $\psi = \frac{b}{t}$ ist von dem gewählten Werkstoff und dem zulässigen Kantendruck an der Zahnspitze abhängig.

Zulässiger Kantendruck für 1 cm Zahnbreite: Für Gußeisen $k = 50$ bis $100\,\text{kg/cm}^2$, für Stahlguß oder Stahl $k = 150$ bis $300\,\text{kg/cm}^2$*.

Erforderliche kleinste Zahnbreite

$$b = \frac{U_1}{k} \cdots \text{cm} \tag{2}$$

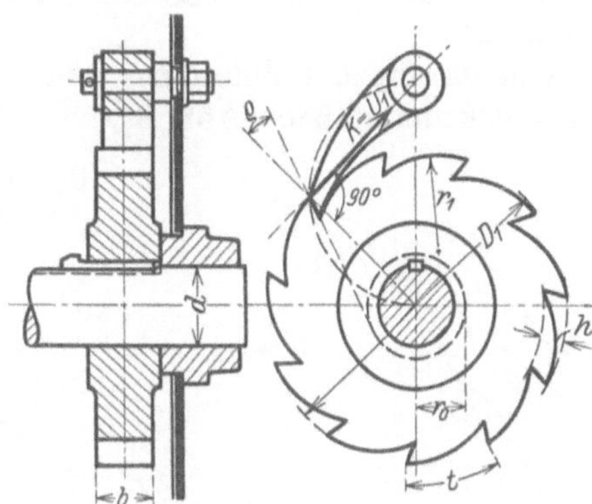

Abb. 3. Sperrwerk mit Außenverzahnung (Hauptabmessungen).

Ausgeführte Sperrwerke weisen folgende Verhältnisse von Zahnbreite zur Teilung auf: Für Gußeisen: $\frac{b}{t} = 0{,}5$ bis 1, für Stahl (St $42 \cdot 11$): $\frac{b}{t} = 0{,}3$ bis $0{,}5$.

Die Zahnform wird in Rücksicht auf sicheren Klinkeneingriff und hinreichende Festigkeit der Zähne ausgeführt.

Der günstigste Eingriffsort der Klinke ist der Berührungspunkt der Tangente vom Klinkendrehpunkt an den Sperradaußendurchmesser (Abb. 3). Der Hebelarm des Klinkendruckes wird dann am größten und der Druck auf den Bolzen am kleinsten, nämlich gleich der Umfangskraft U.

Damit die Klinke beim Festhalten des Sperrades bis zum Grundkreis einfällt und nicht durch die Reibung an der Zahnbrust oder unter Umständen schon an der Zahnspitze hängen bleibt, muß die Zahnbrust zum Halbmesser um den Reibungswinkel ϱ geneigt sein (Abb. 3). Reibungszahl $\mu = \operatorname{tg} \varrho \approx 0{,}25$ bis $0{,}30$. Entsprechender Reibungswinkel $\varrho \approx 14^0$ bis 17^0, im Mittel etwa 15^0.

Halbmesser des Kreises, an den die Zahnbrust tangiert: $r_0 = 0{,}25\,R_1$ bis $0{,}30\,R_1$.

Soll die Zahnflanke radial werden, dann wähle man den Klinkendrehpunkt so, daß er auf einer Geraden liegt, die um den Reibungswinkel ϱ zur Tangente geneigt ist (Abb. 4).

Ausführung der Zahnform nach Abb. 3 oder 5. Gute Abrundung der Zähne am Zahngrund ist wesentlich, da scharfe Ecken die Neigung für Zahnbrüche erhöhen.

Der im Entwurf festgelegte Zahn (Abb. 5) ist auf Biegung und auf zulässigen Kantendruck nachzuprüfen.

Mit der an der Zahnspitze angreifenden Umfangskraft U_1, der Zahnhöhe h und den Abmessungen b (Abb. 3) und x des zu untersuchenden Querschnittes ist die Biegebeanspruchung:

$$\sigma' = \frac{M_b}{W} = \frac{U_1 \cdot h}{b \cdot \dfrac{x^2}{6}} \cdots \text{kg/cm}^2. \tag{3}$$

Zulässige Biegebeanspruchung für Gußeisen $\sigma_{\text{zul}} = 100$ bis $300\,\text{kg/cm}^2$, für Stahlguß und Stahl (St $42 \cdot 11$) das doppelte.

---

* Krell: Entwerfen im Kranbau.

Bei den Sperrwerken mit Innenverzahnung (Abb. 6) wird das Sperrad mit der Bremsscheibe meist aus einem Stück hergestellt (s. Abb. 145) und erhält daher eine entsprechend große Zähnezahl. Zähnezahl je nach dem Durchmesser der Bremsscheibe: $z = 16$ bis 30. Teilung: $t = 25$ bis 50 mm. Zahnhöhe: $h = 15$ bis 30 mm.

Die Zahnbrust wird unter dem Reibungswinkel $\varrho = 14^0$ bis 17^0 zur radialen Richtung geneigt. Winkel zwischen Zahnbrust und Klinkendrucklinie: $\gamma \approx 60^0$. Durch die Senkrechte vom Mittelpunkt auf die Klinkendrucklinie ist die Lage des Klinkendrehpunktes bestimmt.

Ausführung der Zahnform meist nach Abb. 6, seltener gekrümmt nach Abb. 8.

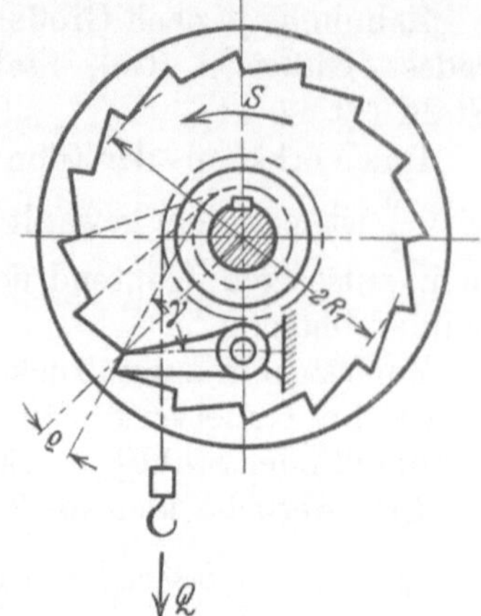

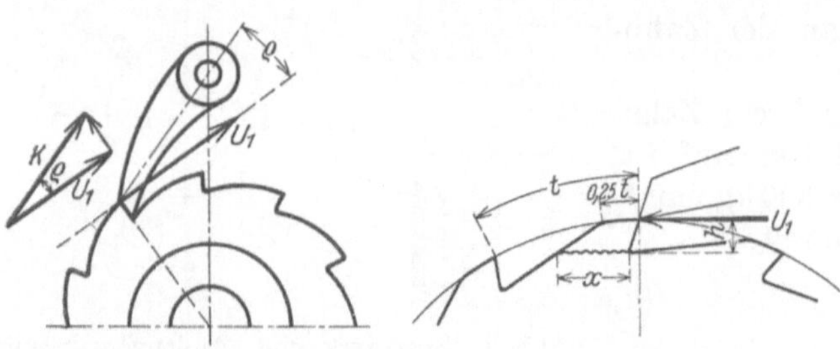

Abb. 4. Sperrwerk mit radialen Zahnflanken.

Abb. 5. Berechnung der Sperradzähne.

Abb. 6. Sperrwerk mit Innenverzahnung.

2. Radkörper.

Für Zahnstangenwinden wird der Radkörper (Abb. 7) aus Stahl (St 42·11) hergestellt und von der Stange abgestochen. Er sitzt auf dem Vierkant der Kurbelwelle und erhält entsprechende Bohrung. Bei den Drucklagerbremsen und Sicherheitskurbeln wird das Sperrad in gleicher Weise ausgeführt, nur hat es zylindrische Bohrung und sitzt lose auf der Welle (Abb. 161, S. 72) bzw. auf der Nabe der Kammscheibe (Abb. 150, S. 64).

Bei den Zahngesperren der Wand- und Bockwinden sowie den Hubwerken der

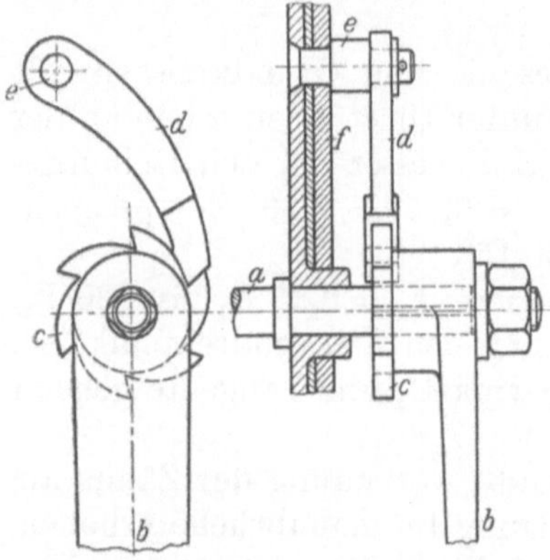

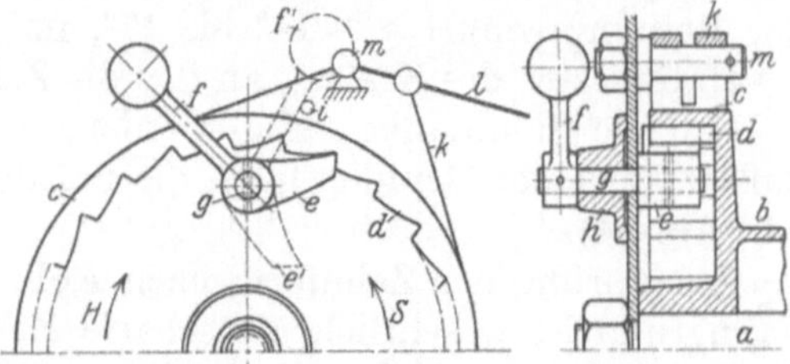

Abb. 7. Sperrwerk zu einer Zahnstangenwinde. (F. Piechatzek, Berlin.)

a Antriebwelle. b Handkurbel. c Sperrad. beide auf dem Vierkant von a sitzend. d Sperrklinke. e Klinkenbolzen, am Windungsgehäuse f angenietet.

Abb. 8. Sperrwerk mit Innenverzahnung und gewichtbelasteter Sperrklinke. (Defries A.-G., Düsseldorf.)

a Feste Achse b Trommel mit angegossener Bremsscheibe c und Sperrad d. e Sperrklinke mit dem Belastungsgewicht f, auf dem drehbaren Bolzen g verstiftet. h Lager zu g. i Stift zur Hubbegrenzung der Klinke. k Bremsband. l Bremshebel mit festem Drehpunkt m.

Handdrehkrane wird der Sperradkörper aus Gußeisen hergestellt und auf der Welle aufgekeilt (Abb. 3). Bearbeitung nur in der Bohrung und an der Nabenstirnfläche, die an einem Lager oder an einer Bremsscheibe anläuft.

Ausführung des Radkörpers für innen verzahnte Sperrwerke s. S. 60: Sperradbremsen.

3. Sperrklinke und Sperrhaken.

Die meisten Gesperre sind mit einer Sperrklinke ausgerüstet, die um einen festen Bolzen drehbar ist. Die Klinke wird so angeordnet, daß sie durch ihr Eigengewicht einfällt (Abb. 7) oder der Eingriff wird durch ein Belastungsgewicht (Abb. 8) oder durch Federkraft (Abb. 9 und 10) erzwungen.

Die Sperrklinken werden aus Stahl (St 42·11) geschmiedet und gerade oder leicht gekrümmt ausgeführt. Sie sind durch die Umfangskraft U_1 auf Druck und meist noch auf Biegung beansprucht und demgemäß auf exzentrischen Druck nachzurechnen.

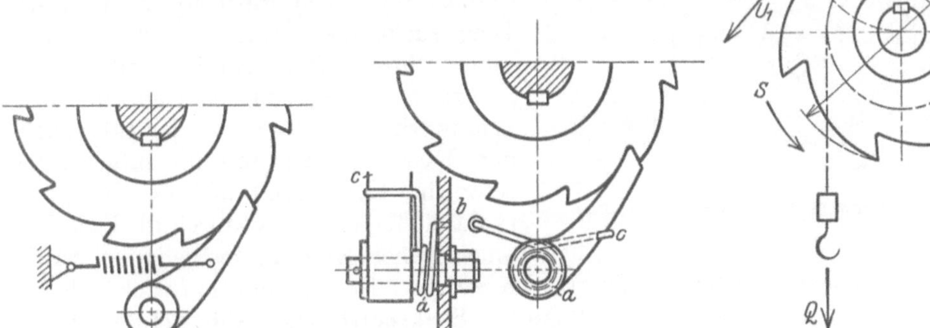

Abb. 9 und 10. Federbelastete Klinken.
a Spiralfeder, bei *b* am Windengestell befestigt und bei *c* auf die Klinke drückend.

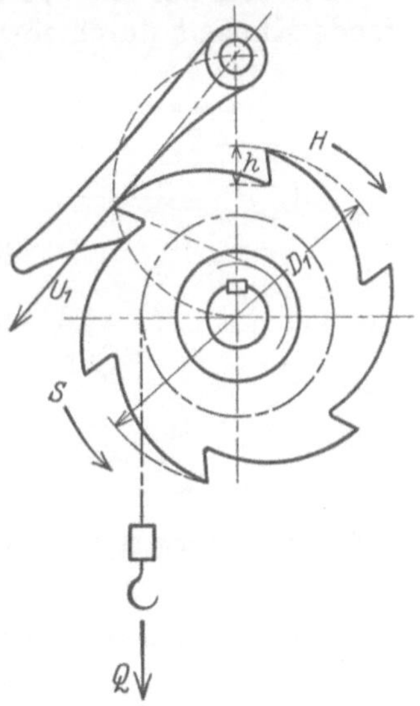

Abb. 11. Sperrwerk mit Sperrhaken.

Sperrhaken (Abb. 11) werden angewendet, wenn Klinken aus baulichen Gründen nicht anwendbar sind. Der Haken wird auf exzentrischen Zug gerechnet und zum leichteren Auslegen mit einer Nase versehen.

Abb. 12 zeigt ein Zahngesperre mit Klinke *1* und Sperrhaken *2*, die beide auf gemeinsamem Bolzen sitzen und durch Federkraft in Eingriff gehalten werden.

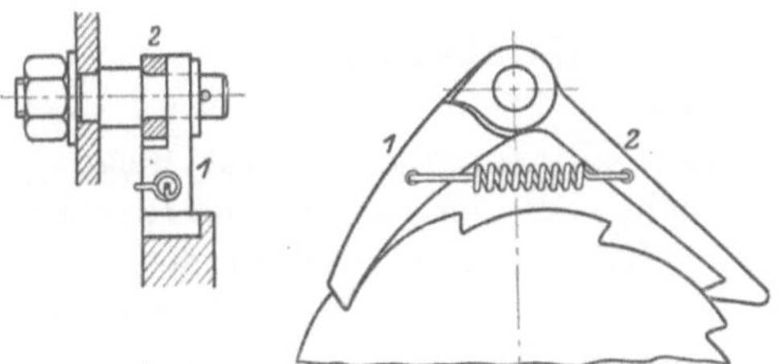

Abb. 12. Sperrwerk mit Klinke und Haken.

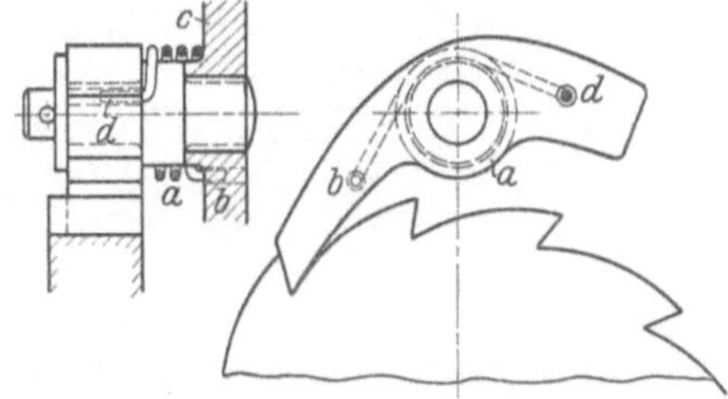

Abb. 13. Zahngesperre zu einer Sperradbremse.
a Spiralfeder, bei *b* in eine Bohrung an der Bremsscheibe *c* und bei *d* in eine Bohrung der Klinke eingreifend.

Bei den Sperradbremsen (s. S. 58) sind die federbelasteten Klinken an einer umlaufenden Bremsscheibe angeordnet und werden, um ein Herausschlagen unter dem Einfluß der Fliehkraft zu verhindern, nach Art von Abb. 13 ausgewuchtet.

Während des Hebens gleiten die Sperradzähne unter der Klinke fort, was, besonders bei schnell umlaufender Bremswelle, ein lästiges, klapperndes Geräusch verursacht. Um das Sperrwerk geräuschlos zu machen, wird mitunter eine Lederunterlage mittels Kupfernieten an der Auflagestelle der Klinke befestigt. Dies hat jedoch den Nachteil, daß die Klinke an dem am meisten beanspruchten Teil zu sehr geschwächt wird, auch bleibt die Klinke mit dem Lederbelag leicht an der Zahnspitze des Sperrades hängen.

In einfacher und betriebssicherer Weise macht man die Zahngesperre dadurch geräuschlos, daß man die Klinken durch ein Reibzeug steuert. Derartige gesteuerte Klinken kommen für selbständige Gesperre nicht in Betracht, werden jedoch bei den Sperradbremsen allgemein angewendet.

Bei dem auf Abb. 14 dargestellten Sperrwerk wird die in das Sperrad a eingreifende Klinke b durch einen Federring c gesteuert, der unter Spannung in eine Rille der Sperradnabe eingesetzt wird und mit seinem anderen Ende (bei d) in eine Aussparung der Sperrklinke eingreift.

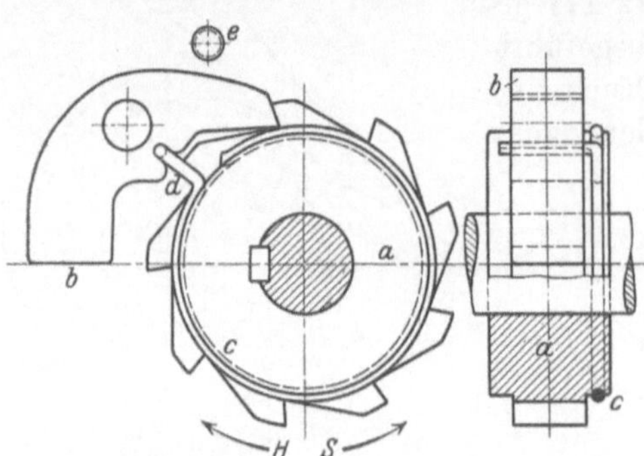
Abb. 14. Sperrwerk mit gesteuerter Klinke.

Beim Heben dreht sich die Welle im Rechtssinne und der durch Reibungsschluß mit dem Sperrad verbundene Ring rückt die Klinke aus, deren Ausschlag durch einen Anschlagstift e begrenzt ist. Hört die Antriebskraft des Windwerks auf, so dreht der Rücktrieb der Last die Sperradwelle entgegengesetzt (im Linkssinne) und der Reibring rückt die Klinke ein, wodurch die Last (bei angezogener Bremse) festgehalten wird.

Abb. 15 zeigt eine gesteuerte Sperrklinke zu einer Sperradbremse für elektrische Krane und Abb. 16 die gesteuerte Klinke zur Senksperrbremse Abb. 171, S. 79.

Bei großem Sperraddurchmesser wird die Umfangskraft des Rades kleiner, die Umfangsgeschwindigkeit aber größer. Da jedoch der Stoß, mit dem die Klinke auf die Zahnbrust trifft, mit dem Quadrat der Umfangsgeschwindigkeit steigt, so läßt sich ein schädliches Ansteigen der Geschwindigkeit dadurch vermeiden, daß man den Gleitweg der Klinke durch eine entsprechend kleine Teilung vermindert, oder man ordnet zwei oder mehrere Klinken an, deren Eingriffsorte um Bruchteile der Zahnteilung zu einander versetzt werden (s. Abb. 142, S. 59).

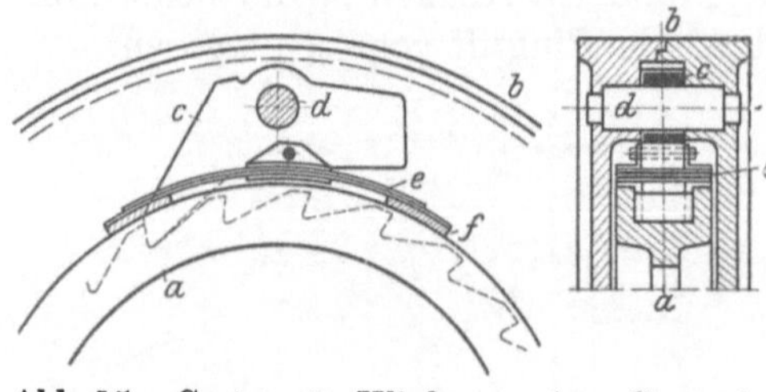
Abb. 15. Gesteuerte Klinke zu einer Sperradbremse. (Fried. Krupp, Grusonwerk, Magdeburg.)
a Sperrad, auf der Welle aufgekeilt. *b* Bremsscheibe, zweiteilig und lose auf der Welle sitzend. *c* Sperrklinke. *d* Klinkenbolzen. *e* Blattfeder. *f* Federbelag (Leder- oder Ferodofibre).

4. Klinkenbolzen.

Werkstoff: Stahl (St 42·11). Er wird durch den Klinkendruck K auf Biegung beansprucht. Bei den meisten Sperrwerken liegt der Klinkendrehpunkt in der Tangente an dem Sperradteilkreis (Abb. 3), so daß der Klinkendruck gleich der Umfangskraft des Rades wird.

$$K = U_1 = \frac{M}{R_1}. \qquad (4)$$

Bei einseitiger Befestigung (Abb. 17) erhält der Bolzen einen Bund und wird durch eine Mutter an den Schildblechen des Windengestells angeschraubt. Man zeichne den Bolzen zunächst im Entwurf auf und prüfe dann seine Beanspruchung nach.

Für den gefährlichen Querschnitt an der Einspannstelle (bei I) wird die Biegebeanspruchung:

$$\sigma' = \frac{M_1}{W_1} = \frac{K \cdot x}{\frac{\pi}{32} \cdot d_1^3} \cdots \text{kg/cm}^2. \qquad (5)$$

Im Querschnitt II, dessen Durchmesser d_2 die kubische Parabel als Form gleicher Festigkeit nicht unterschreiten darf, ist das Biegemoment $M_2 = K \cdot \frac{l_0}{2} \cdots \text{kgcm}$.

Wegen seiner ungünstigen Beanspruchungsart muß der fliegend angeordnete Bolzen in seinem Befestigungsloch gut eingepaßt sein, auch sind die Übergänge zwischen Bund und Bolzen gut abzurunden. Um keinen zu starken Bolzendurchmesser an der Einspannstelle zu erhalten, sucht man den Hebelarm so klein zu halten als es konstruktiv möglich ist. Das Schildblech der Winde, an dem der Klinkenbolzen befestigt wird, erleidet durch das Moment $K \cdot x$ eine erhebliche exzentrische Beanspruchung. Es wird gegebenenfalls durch eine aufgenietete Platte verstärkt oder es wird ein besonderes gußeisernes Befestigungsstück (Abb. 143,

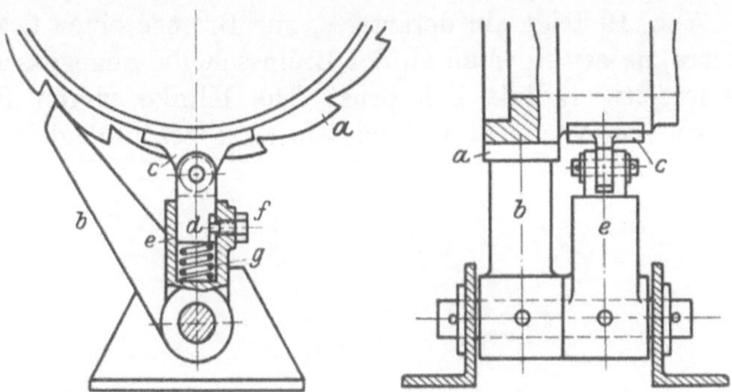

Abb. 16. Gesteuerte Klinke zur Senksperrbremse Abb. 171.

a Sperrad. *b* Klinke. *c* Reibbacke, gelenkig an dem Gabelstück *d* angeordnet, das in der Hülse *e* durch die Schraube *f* gegen Drehen gesichert und durch die Spiralfeder *g* belastet ist.

S. 59) vorgesehen, das am Windenschild angenietet oder angeschraubt wird.

Ist der Klinkenbolzen beiderseits gelagert (Abb. 18), so wird er als Träger auf zwei Stützen gerechnet und der Klinkendruck und die Auflagerkräfte werden als Streckenlasten angenommen.

Das in der Mitte auftretende größte Biegemoment ist:

$$\max M \approx K \cdot \frac{\ }{8} \cdots \text{kgcm.}$$

Genauer:

$$\max M = \frac{K}{2} \cdot \frac{l}{2} - \frac{K}{2} \cdot \frac{l_0}{4} = \frac{K}{2} \cdot \frac{2\,l - l_0}{4} \cdots \text{kgcm.}$$

$$(6)$$

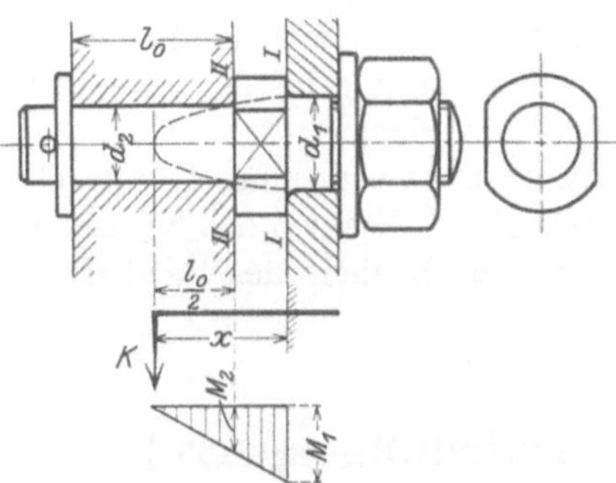

Abb. 17. Einseitig befestigter Klinkenbolzen (Berechnung).

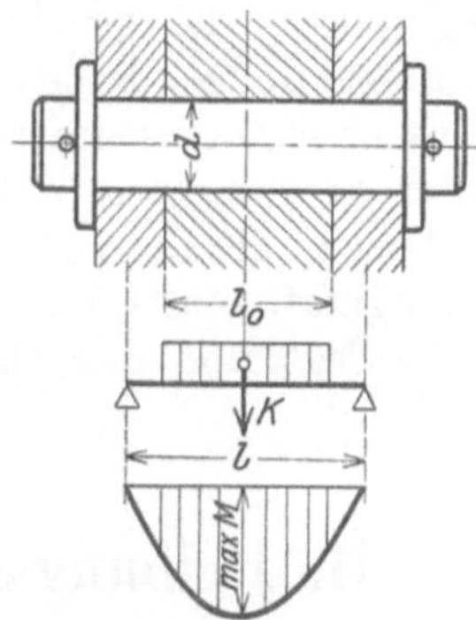

Abb. 18. Beiderseits gelagerter Klinkenbolzen (Berechnung).

Die zulässige Biegebeanspruchung nehme man in Rücksicht auf im Betriebe auftretende Stöße verhältnismäßig niedrig. Für St 42·11 sei $\sigma_{zul} = 400$ bis 600, im Mittel 500 kg/cm².

Die Berechnung des beiderseits gelagerten Bolzens auf Abscherung ergibt wesentlich niedrigere Werte als die Biegebeanspruchung und erübrigt sich daher. Bei der Nachprüfung des Flächendruckes zwischen Klinke und Bolzen lasse man für Stahl auf Stahl $\sigma_{zul} = 600$ bis 800 kg/cm² zu.

b) In beiden Richtungen wirkende Gesperre.

Laufende Zahngesperre, die abwechselnd in der einen oder anderen Umlaufrichtung der Welle sperren, werden nur gelegentlich angewendet.

Abb. 19 zeigt ein derartiges, zur Bremse einer Grubenkabelwinde gehöriges Gesperre, dessen Sperrad an der Bremsscheibe angegossen ist. Die Sperradzähne haben beiderseitig radiale Zahnbrust. Die Klinke, deren Bolzen am Windengestell fest angeordnet ist, ist vermittels eines Stiftes umlegbar.

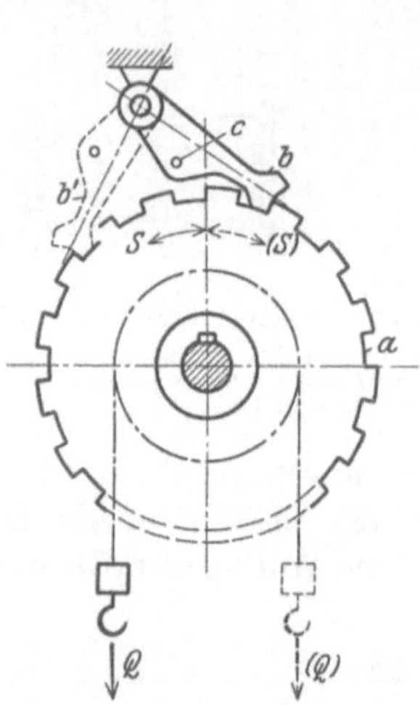

Abb. 19. Sperrwerk, wechselweise im Rechts- oder Linkssinn sperrend.

a Sperrad. *b* umlegbare Klinke. *c* Bedienungsstift zu *b*.

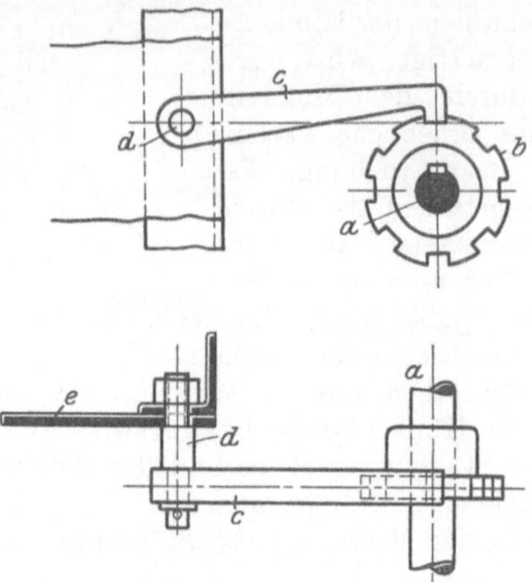

Abb. 20. Sperrwerk, in beiden Richtungen sperrend.

a Kurbelwelle. *b* Sperrad. *c* Klinke. *d* Klinkenbolzen. *e* Schildblech am drehbaren Ausleger.

Zahngesperre, die gleichzeitig in beiden Drehrichtungen die Welle sperren (ruhende Gesperre) haben meist die Aufgabe, Kranantriebe (Fahr- oder Drehwerke), die ohne Bremsen arbeiten, bei Außerbetriebsetzung festzustellen und gegen ungewolltes Ingangsetzen (z. B. durch Windkraft) zu sichern.

Abb. 20 zeigt als Beispiel ein Gesperre, das zum Drehwerk eines Handdrehkranes von 5 t Tragkraft und 4,0 m Ausladung[1] gehört. Bei Stillsetzen des Kranes wird die Klinke eingelegt und das Gesperre verhindert das Drehen des Auslegers durch Winddruck.

II. Reibungssperrwerke (Klemmgesperre).

Sie sperren nur in einer Drehrichtung der Welle (im Senksinne eines Windwerks) und werden stets in Verbindung mit einer Bremse angewendet. Den Zahngesperren gegenüber haben die Reibungsgesperre den Vorzug, daß sie geräuschlos und ohne Stoßwirkung arbeiten. Nach der Bauart unterscheidet man Klinkengesperre, Backengesperre und Bandgesperre.

a) Klinkengesperre.

Abb. 21 zeigt ein Reibungsgesperre mit äußerem Eingriff der Klinke und mit zylindrischer Reibfläche. Beim Heben drehen sich Sperrad und Welle ungehindert im entsprechenden Sinne (Rechtssinn, Abb. 21). Hört jedoch die Antriebkraft des Windwerks auf, so wird das Sperrad durch den Rückdruck der Last entgegengesetzt

---

[1] Hersteller: Paul Weyermann G. m. b. H., Berlin-Tempelhof.

(im Linkssinne) gedreht und der Lastniedergang wird durch die Reibung zwischen Klinke und Rad gesperrt.

Bezeichnen N den in radialer Richtung wirkenden Normaldruck zwischen Klinke und Rad und μ die Reibungszahl, so muß die zum Sperren erforderliche Reibung gleich oder größer als die Umfangskraft des Rades sein.

$$N\mu \geqq U_1 = \frac{M}{R_1}; \qquad N \geqq \frac{U_1}{\mu}. \tag{7}$$

Das Sperren beruht auf der Kniehebelwirkung zwischen Klinke und Rad und tritt nur dann ein, wenn die Resultierende K aus dem Normaldruck N und der Reibung $N\mu$ ein rechtsdrehendes Moment auf die Klinke ausübt.

Die Grenze der Sperrwirkung wird erreicht, wenn die Resultierende K durch den Klinkendrehpunkt geht (Abb. 21).

Da $N\mu \cdot x > Ny$ sein muß, so ist (Abb. 21)

$$\mu > \frac{y}{x} \quad \text{und} \quad \operatorname{tg}\varrho > \operatorname{tg}\varphi. \tag{8}$$

Der Winkel φ zwischen der Klinkendruckrichtung K und der Normalkraft N muß daher kleiner als der Reibungswinkel sein.

Für $\mu \approx 0{,}15$ ist $\varrho = 8^0\ 30'$. Wegen des kleinen Winkels φ liegt der Berührungspunkt C zwischen Klinke und Rad sehr nahe an der Zentralen MO und die Wirkung des Gesperres ist daher bei etwaigem Durchbiegen oder nach stärkerem Verschleiß der Klinke unsicher.

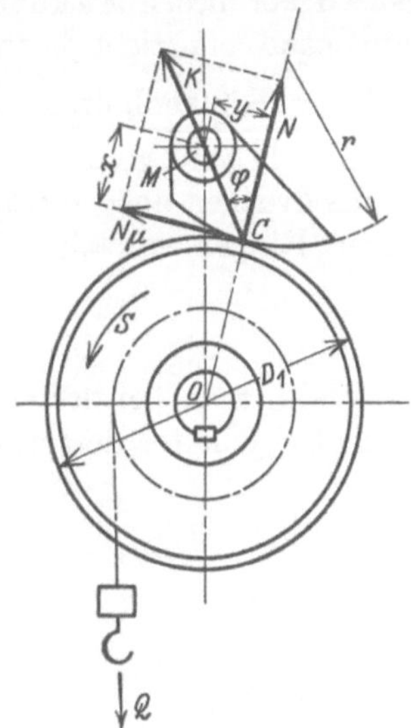

Abb. 21. Reibungsgesperre mit äußerem Eingriff und zylindrischer Reibfläche.

Man führt die Gesperre daher allgemein mit keilnutenförmigem Eingriff (Abb. 22) aus, wodurch der Winkel φ größer und der Normaldruck N kleiner wird.

Bezeichnet α (Abb. 22) den halben Keilwinkel, so ist an Stelle von μ in Gl. (7) $\mu_1 = \dfrac{\mu}{\sin\alpha}$ zu setzen, $\alpha \approx 15^0$ bis 20^0.

Reibungssperrwerke mit innerem Eingriff erhalten stets keilnutenförmige Reibflächen (Abb. 23). Sie werden, da sie in ihrer Wirkung zuverlässiger sind, den Gesperren mit äußerem Eingriff allgemein vorgezogen.

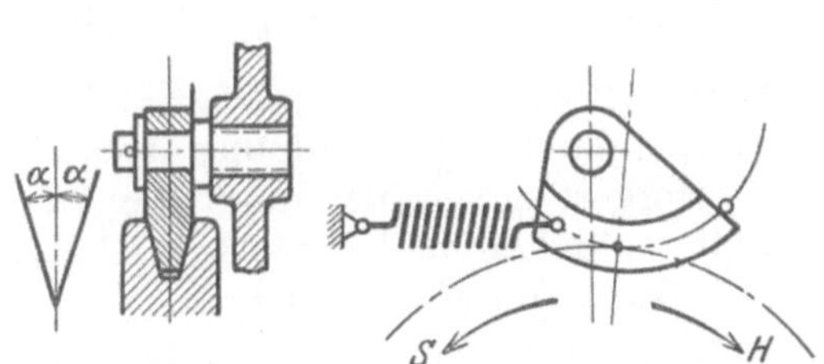

Abb. 22. Reibungsgesperre mit keilnutenförmigem Eingriff.

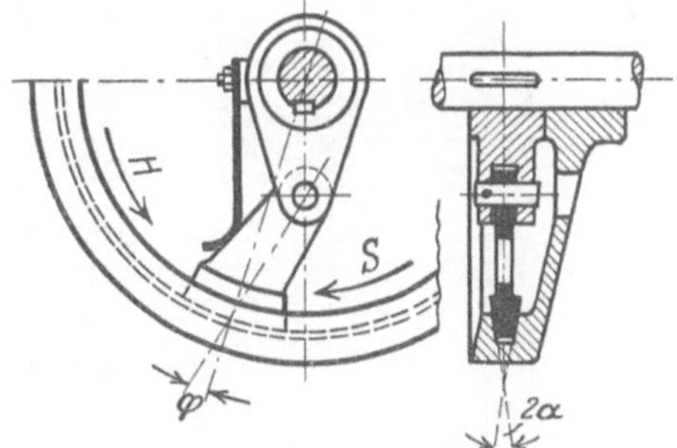

Abb. 23. Reibungsgesperre mit innerem keilnutenförmigem Eingriff.

Nimmt man den halben Keilwinkel mit $\alpha \approx 15^0$ und die Reibungszahl zu $\mu = 0{,}10$ bis $0{,}15$ an, so wird der Winkel zwischen der Radialen und der Klinkendruckrichtung aus der Beziehung

$$\operatorname{tg}\varphi = \mu_1 = \frac{\mu}{\sin\alpha} \tag{9}$$

zu $\varphi \approx 21^0$ bis 30^0 erhalten.

Die Reibungssperrwerke mit innerem keilnutenförmigem Eingriff werden wegen ihrer sicheren, geräuschlosen Wirkung bei den Sperradbremsen für elektrische Hub-

werke angewendet. Bei diesen dient die Bremsscheibe (s. S. 61) gleichzeitig als
Sperradscheibe.

Damit eine einseitige Kräftewirkung auf die Welle vermieden wird, ordnet man
meist zwei, im Durchmesser einander gegenüberliegende Klinken an. Da die Klinkenbolzen bei diesen Ausführungen stets beiderseitig gelagert sind, so werden sie entsprechend günstiger beansprucht als die der fliegend gelagerten Klinken. Druck
auf den Klinkenbolzen: $K = \dfrac{U}{\sin \varphi}$.

Die fliegend gelagerte, glockenförmig gestaltete Bremsscheibe ist ziemlich hohen
Radialdrucken ausgesetzt. Sie wird daher kräftig gehalten und in geeigneter Weise
durch Rippen versteift.

b) Backengesperre.

Wählt man bei der einfachen Backenbremse Abb. 29, S. 15 die Lage des Bremshebeldrehpunktes derart, daß $a = b\,\mu$ wird, so wird die nach. Gl. (13) und für Links-

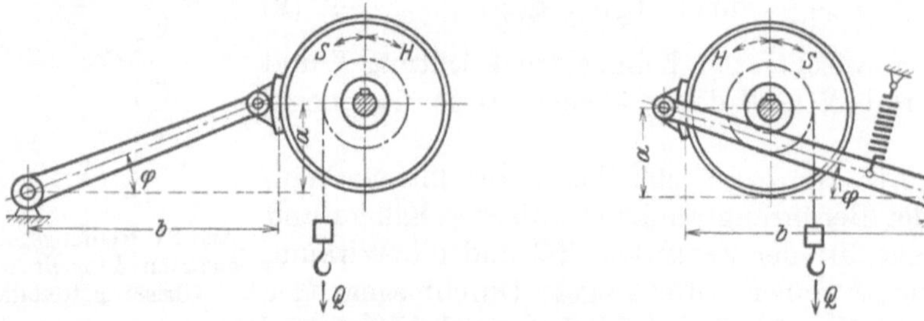

Abb. 24 und 25. Einfache Backengesperre.

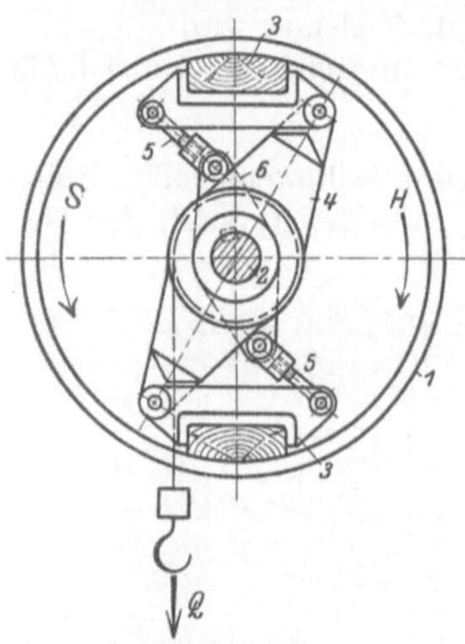

Abb. 26. Doppelbackengesperre zu
einer Sperrad-(Lüft-)Bremse[1]. (Schematische Darstellung.)

1 Bremsscheibe, lose auf der Welle *2* sitzend.
3 Sperrbacken mit Holzklötzen, gelenkig an
dem lose auf der Bremsscheibennabe sitzenden Doppelhebel (Schlepphebel) *4* angreif-
fend und durch nachstellbare Zugstangen *5*
mit dem auf der Welle aufgekeilten Doppelhebel *6* verbunden.

drehsinn berechnete Bremskraft $K = 0$, d. h. die
Bremse wirkt in dieser Richtung als Reibungsgesperre (Abb. 24).

Damit die Sperrwirkung sicher eintritt, muß der
Winkel zwischen dem Backendruck N und dem
Klinkendruck gleich oder kleiner als der Reibungs-
winkel ϱ sein.

$$\operatorname{tg} \varphi \gtreqless \operatorname{tg} \varrho; \qquad \operatorname{tg} \varrho = \mu = \frac{a}{b}. \qquad (10)$$

Die gleiche Wirkung wird bei entgegengesetztem
Drehsinn der Welle durch die Anordnung Abb. 25
erreicht. Diese erfordert eine Feder, um die Sperr-
backe in Eingriff zu halten und wird, da sie baulich unvorteilhaft ist, kaum angewendet.

Da der Winkel φ sehr klein wird, so vergrößert
man ihn dadurch, daß man die Bremsbacke aus
Holz ausführt oder mit Ferodofibre (s. S. 18) belegt. Eine weitere Vergrößerung wird durch keilnutenförmigen Backeneingriff (s. S. 16) erreicht.
Wegen des kleinen Reibungswinkels ist die Backenlänge l_0 (s. S. 20) nur kurz ausführbar. Die Abnützung der Backe ist aber trotzdem wesentlich gün-

stiger als bei dem Klinkengesperre mit zylindrischem Eingriff (Abb. 21), bei dem ja
die Klinke theoretisch nur in einer Linie anliegt.

---

[1] MAN, Werk Nürnberg.

Innerer Eingriff der Backe ist in der Wirkung günstiger. Da er auch einen gedrängteren Bau des Gesperres ergibt, so zieht man ihn allgemein vor. Da der Normaldruck bei einer Reibungsbacke die Welle biegend beansprucht, so ordne man stets zwei einander diametral gegenüberliegende Backen an (Abb. 26). Dieses Reibungsgesperre entspricht baulich einer doppelten Backenbremse mit innerem Eingriff (s. S. 21).

Beim Heben werden die Sperrbacken durch den Doppelhebel gelüftet und von diesem im Hubdrehsinne mitgenommen. Bei Aufhören der Antriebkraft wird die Bremswelle durch den Rückdruck der Last im Senksinne gedreht und die Sperrwirkung tritt ein.

c) Bandgesperre.

Werden bei der Differentialbremse (Abb. 108, S. 47) die Hebelarme, an denen die Bandspannkräfte S_1 und S_2 angreifen, derart gewählt, daß $a_2 \gtrless e^{\mu\alpha} \cdot a_1$ wird, so wird die Bremskraft K in Gl. (67) gleich Null bzw. negativ. Die Bremse geht dann in ein Reibungsgesperre (Abb. 27) über, das im Senksinne der Last sperrt.

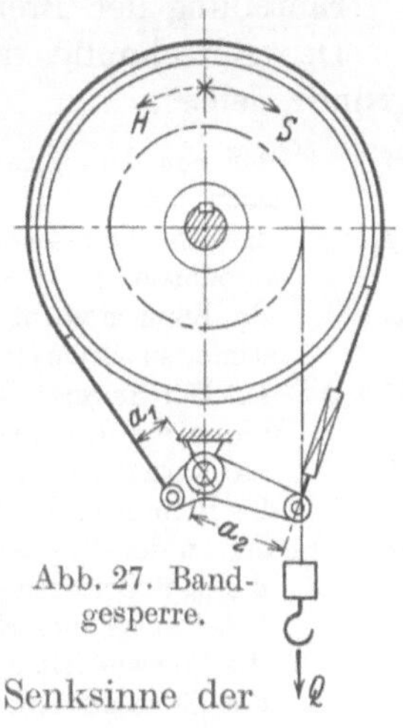

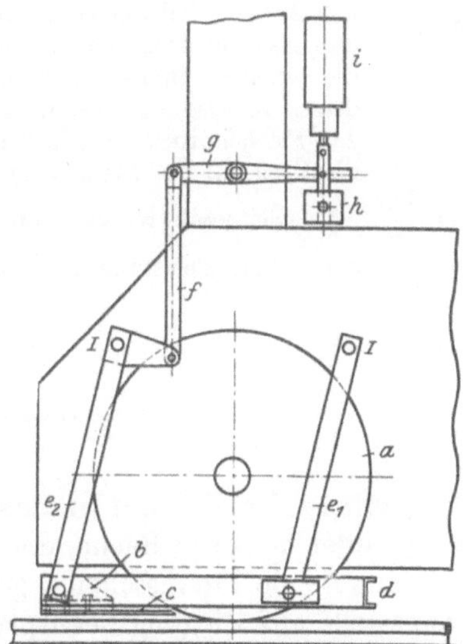

Abb. 27. Bandgesperre.

Reibungsgesperre mit Band werden verhältnismäßig selten angewendet und erhalten ein mit Ferodofibre belegtes Band.

III. Sonstige Sperrvorrichtungen.

Fahrwerke von Bockkranen, Verladebrücken und fahrbaren Drehkranen werden gegen unbeabsichtigtes Rollen des Kranes vielfach durch eine Klinke gesichert, die in die Lücken eines der Zahnräder eingreift. Meist haben jedoch diese Krane eine gewichtbelastete, durch einen Magneten gelüftete Bremse, die bei Stillstand des Kranes angezogen ist. Größere Krane, wie schwere Verladebrücken, werden bei Nichtbenutzung an ihr Fahrbahnende gebracht und dort durch eine geeignete Vorrichtung am Prellbock verriegelt.

Auf Abb. 28 ist eine Feststellvorrichtung für das Fahrwerk einer Erzverladebrücke[1] dargestellt, die diese gegen Abrollen durch Winddruck sichert. Bei Nichtbenutzung der Brücke wirkt das Belastungsgewicht abwärts und legt den mit einer Auflaufzunge versehenen Bremsschuh vor das Rad. Wird die Brücke in Gang gesetzt, so erhält der Magnetbremslüfter mit dem Fahrmotor gleichzeitig Strom und zieht den Bremsschuh zurück. Die Vorrichtung zum Sperren in der Gegenrichtung ist an einem Laufrad der anderen Seite angebracht.

Abb. 28. Sperrvorrichtung zum Kranfahrwerk einer Verladebrücke.

a Laufrad. *b* Hemmschuh mit Auflaufzunge *c* am Rahmen *d* befestigt. e_1 Lenker. e_2 Winkelhebel, deren feste Drehpunkte *I* am Radgestell angeordnet. *f* Stange, e_2 mit dem Doppelhebel *g* verbindend. *h* Gewicht, den Hemmschuh einrückend. *i* Magnet zum Lüften der Sperrvorrichtung.

---

[1] der Firma Jäger, Duisburg. Michenfelder: Kran- und Transportanlagen.

B. Bremsen.

Einteilung der Bremsen s. S. 1.

Der Berechnung der Bremsen werden folgende allgemeine Bezeichnungen zugrunde gelegt:

M das von dem Triebwerk bzw. der Last auf die Bremswelle ausgeübte Drehmoment in kgcm oder kgm.

M_{br} das abzubremsende Moment unter Berücksichtigung der bremsend wirkenden Triebwerkreibungen.

$\mathfrak{M}$ ein Bremsmoment zum Abbremsen der lebendigen Kräfte bewegter Massen während einer bestimmten Bremszeit.

$D = 2R$ der Durchmesser der Bremsscheibe in cm oder m.

U die an der Bremsscheibe wirkende Umfangskraft in kg.

N der Normaldruck, mit dem die wirksamen Bremsteile gegeneinander gepreßt werden.

μ die Reibungszahl der wirksamen Bremsteile.

$W_r = N\mu$ der an der Bremse hervorgerufene Reibungswiderstand in kg.

K die zum Bremsen erforderliche, von Hand, durch Fußtritt oder durch Federkraft am Bremshebel ausgeübte Kraft in kg.

l die Bremshebellänge vom Drehpunkt des Bremshebels bis zur Angriffsstelle der Kraft K in cm.

G das Bremsgewicht, das die Kraft K ersetzt, in kg.

Z die Zugkraft eines Bremslüfters (Magnet oder Motor) in kg.

(G) ein an der Angriffstelle des Bremslüfters gedachtes Gewicht in kg, das Z gleich aber entgegengesetzt ist.

h der Hub des Bremslüfters in cm.

G_a das Ankergewicht eines Magnetbremslüfters in kg.

b die Bremsscheibenbreite in cm.

b_0 die wirksame Breite des bremsenden Organs (Backe oder Band) in cm.

l_0 dessen wirksame Länge, im Bogen gemessen, in cm.

σ den Flächendruck auf die Einheit der Bremsfläche in kg/cm².

n die Drehzahl der Bremswelle in der Minute.

$v = \dfrac{D\pi \cdot n}{60}$ die Gleitgeschwindigkeit an der Bremse im m/sek, unter Einsetzen von D in m.

$\sigma \cdot v$ der für die Belastung der Bremse maßgebende Wert, bezogen auf 1 cm² Bremsfläche.

I. Radialbremsen.

a) Backen- oder Klotzbremsen.

Berechnung.

1. **Einfache Backenbremse** (Abb. 29 bis 31). Das bremsende Organ ist eine eiserne oder hölzerne Backe, die an einem einarmigen Hebel befestigt ist und gegen die umlaufende Bremsscheibe gepreßt wird. Da dieser einseitige Backendruck die Bremswelle auf Biegung beansprucht, so eignet sich die einfache Backenbremse nur zum Abbremsen kleinerer Momente und bei Wellendurchmessern bis etwa 60 mm.

Der Backendruck N muß zum Abbremsen des vollen Momentes M so groß sein, daß er an der Bremsfläche einen Reibungswiderstand W_r hervorruft, der gleich oder größer als die Umfangskraft U der Scheibe ist.

$$W_r = N\mu \geqq U = \frac{M}{R}; \qquad N = \frac{U}{\mu}. \tag{11}$$

In bezug auf die Scheibe wirkt dieser Reibungswiderstand entgegengesetzt, in bezug auf die Bremsbacke im Sinne der Scheibendrehrichtung.

Die am Handgriff des Bremshebels erforderliche Kraft K ist von der Lage des Hebeldrehpunktes I und von dem Umlaufsinn der Scheibe abhängig.

Für zylindrische Reibflächen, gleichmäßige Verteilung des Backendruckes auf die Bremsfläche, und unter Vernachlässigung der Bolzenreibung am Hebel werden für die verschiedenen Anordnungen folgende Bremskräfte erhalten:

Bauart I (Abb. 29). Der Bremshebeldrehpunkt liegt um den Betrag b außerhalb der rechtwinkelig zu N an die Scheibe gelegten Tangente.

Aus der Gleichgewichtsbedingung für den Bremshebel

$$K\,l - N\cdot a \mp N\mu\cdot b = 0 \tag{12}$$

ergibt sich die erforderliche Bremskraft zu

$$K = \frac{N}{l}\cdot(a \pm \mu b) = \frac{U}{l}\cdot\left(\frac{a}{\mu} \pm b\right). \tag{13}$$

Das obere Zeichen gilt für Rechts-, das untere für Linksdrehsinn der Bremswelle.

Mit größer werdendem b und für Linksdrehsinn der Scheibe wird K kleiner und für $a - b\mu = 0$ wird $K = 0$, d. h. die Bremse geht in ein Gesperre über und wirkt selbsttätig. Siehe auch Abb. 24, S. 12.

Bauart II (Abb. 30). Der Bremshebeldrehpunkt liegt in der Scheibentangente: $b = 0$.

Gleichgewichtsbedingung für den Bremshebel:

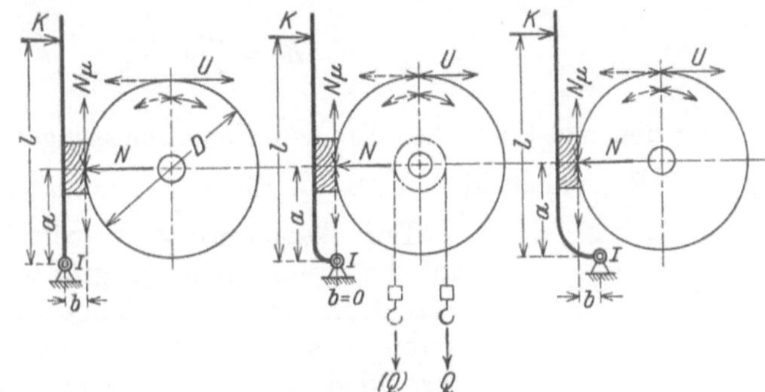

Abb. 29 bis 31. Einfache Backenbremse (Anordnung des Hebeldrehpunktes).

$$K\cdot l - N\cdot a = 0. \tag{14}$$

Daher Bremskraft:

$$K = N\cdot\frac{a}{l} = \frac{U\cdot a}{l\,\mu}. \tag{15}$$

Da die Umfangsreibung aus der Gleichung ausscheidet ($b = 0$ und $N\mu\cdot b = 0$), so ist sie auf die Größe der Bremskraft ohne Einfluß. Die Bremskraft K ist daher für beide Drehrichtungen gleich groß.

Bauart III (Abb. 31). Der Bremshebeldrehpunkt liegt um den Betrag b innerhalb der Scheibentangente.

Aus der Gleichgewichtsbedingung für den Bremshebel

$$K\cdot l - Na \pm N\mu\cdot b = 0 \tag{16}$$

wird die erforderliche Bremskraft:

$$K = \frac{N}{l}\cdot(a \mp \mu b) = \frac{U}{l}\cdot\left(\frac{a}{\mu} \mp b\right). \tag{17}$$

Das obere Zeichen gilt wieder für Rechts- und das untere für Linksumlauf der Bremsscheibe.

Für $a - b\mu = 0$ und Rechtsumlauf der Scheibe wird $K = 0$, d. h. die Bremse wirkt ebenso wie bei Bauart I (Abb. 29) als Gesperre. Siehe auch Abb. 25, S. 12.

Vergleich der drei Bauarten. Bauart I (Abb. 29) hat den konstruktiven Vorzug, daß der Bremshebel nicht abgekröpft werden muß. Die erforderliche Bremskraft ist jedoch bei Rechtsumlauf der Scheibe je nach Größe der Reibungszahl um etwa 7 bis 10 vH größer als bei Linksumlauf, was darauf zurückzuführen ist, daß das Moment der Backenreibung bei Linksumlauf im Sinne des Bremskraftmomentes wirkt. Da jedoch dieser Unterschied, besonders im Hinblick auf die Unsicherheit der Reibungszahl gering ist, so ist die Bremse praktisch für beide Umlaufrichtungen verwendbar.

Bei der Bauart II (Abb. 30) ist die Bremskraft für beide Umlaufrichtungen der

Scheibe gleich groß. Die Bremse ist daher die theoretisch richtige für Fahr- und Drehwerke, hat jedoch den Nachteil, daß der Bremshebel abgekröpft werden muß.

Die Bauart III (Abb. 31) erfordert ein noch stärkeres Abkröpfen des Bremshebels als Bauart II. Im Gegensatz zur Anordnung I ist bei ihr die erforderliche Bremskraft bei Linksumlauf größer als bei Rechtsumlauf.

Flächendruck. Wird eine gleichmäßige Verteilung des Normaldruckes N über die ganze Reibfläche der Bremsbacke angenommen, so greift die Kraft $N\mu$ nicht am Hebelarme R, sondern an einem kleineren Hebelarme R' an (Abb. 32). Nach Löffler[1] ist:

$$R' = \frac{R^2}{c_0} \cdot \frac{\sin\alpha + \alpha}{2}. \tag{18}$$

Bei den meist üblichen Bremsbackenabmessungen ist der Unterschied zwischen R' und R ziemlich klein, z. B. ist für $\alpha = \frac{\pi}{2} \cdots R' \approx 0{,}92\,R$.

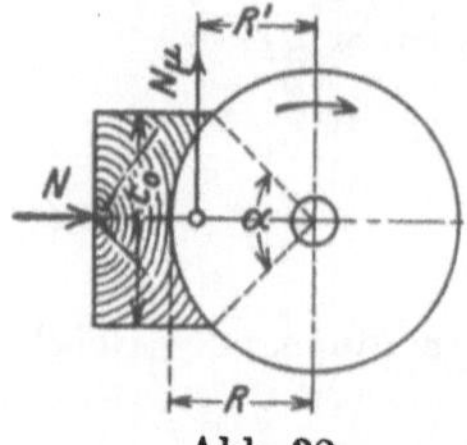

Abb. 32.

Der Backendruck N verteilt sich um so gleichmäßiger auf die Bremsfläche, je größer der Scheibenhalbmesser R im Verhältnis zur Backenlänge c_0 ist. Diese gleichmäßige Verteilung des Backendruckes hat eine gleichmäßige Abnützung der Bremsfläche und damit eine größere Lebensdauer der Bremse zur Folge.

Die **Reibungszahl** μ hängt von den für die Bremsscheibe und die Backe verwendeten Werkstoffen und dem Zustand der Bremsfläche ab. Werkstoff der Scheibe: Gußeisen oder Stahlguß. Im Hebezeugbau werden entweder hölzerne Bremsbacken (aus Pappelholz) verwendet oder man benutzt hölzerne bzw. gußeiserne Bremsbacken, die mit Leder oder Ferodofibre belegt sind. Die Bremsfläche ist entweder trocken, leicht oder stark gefettet. Bei trockener Bremsfläche ist die Reibungszahl hoch, die Bremse zieht aber scharf an und der Belag ist starker Abnützung unterworfen. Man zieht es daher allgemein vor, die Bremsflächen leicht einzufetten.

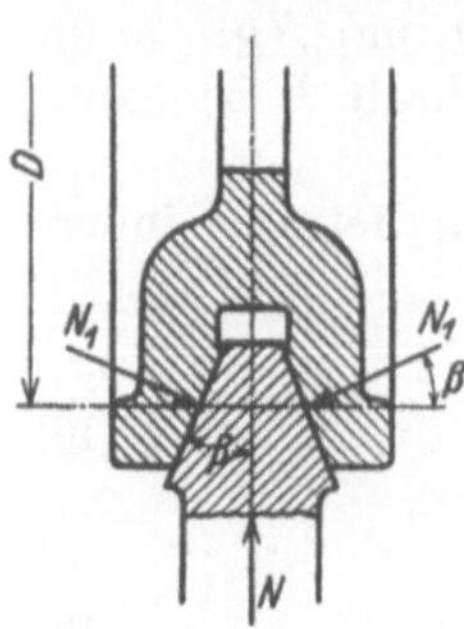

Wird bei gleichbleibender Bremskraft eine stärkere Bremswirkung gefordert, so führt man die Backe keilförmig und die Bremsscheibe mit entsprechend gestalteter Umfangsrille aus (Abb. 33).

Bezeichnet β den halben Keilwinkel, so sind die Normalkomponenten des Backendruckes (Abb. 34):

$$N_1 = \frac{N}{2\sin\beta} \cdots \text{kg}. \tag{19}$$

Bei keilförmigem Eingriff sind zwei Reibflächen wirksam und das Reibungsmoment ist bei gleichem Normaldruck N größer:

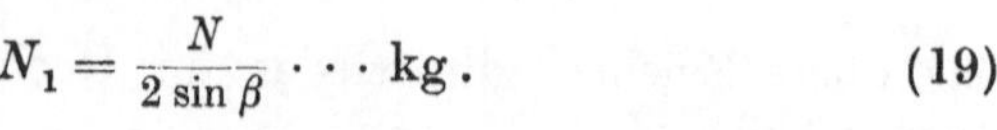

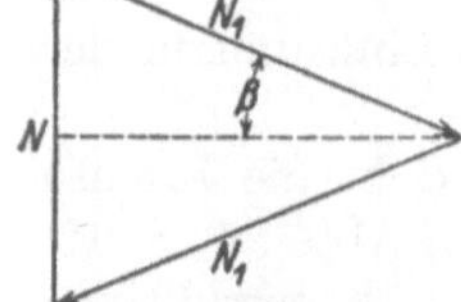

Abb. 33 und 34. Bremsbacke mit keilförmigem Eingriff.

$$M_r = 2 \cdot N_1\mu \cdot R = N \cdot \frac{\mu}{\sin\beta} \cdot R \ldots \text{kgcm}. \tag{20}$$

Lüftweg. Bei der meist angewendeten zylindrischen Backenbremse (Abb. 35) wird der radial gemessene Lüftweg je nach Größe der Bremse zu $\lambda = 0{,}1$ bis $0{,}2\,\text{cm}$ angenommen.

---

[1] **Löffler:** Mechanische Triebwerke und Bremsen. München und Berlin: R. Oldenbourg 1912.

Am Angriffort der Bremskraft K bzw. des Bremsgewichtes G bei wagerecht liegendem Hebel ist der erforderliche Lüftweg:

$$h = \lambda \cdot \frac{l}{a} \cdots \text{cm}. \tag{21}$$

Die Gestängeübersetzung $i = \frac{a}{l}$ liegt meist zwischen $1:3$ und $1:6$ und ist praktisch bis $1:10$ ausführbar.

Für die Keilnutenbremse (Abb. 36) ist der in radialer Richtung gemessene Lüftweg größer. Bezeichnet $\lambda_1 = 0,1$ bis $0,2$ cm den senkrecht zur Reibfläche gemessenen Lüftweg, so ist der radiale Lüftweg:

$$\lambda = \frac{\lambda_1}{\sin \beta} \cdots \text{cm}. \tag{22}$$

Lüftweg am Angriff der Bremskraft bzw. einem etwaigen Belastungsgewicht:

$$h = \frac{\lambda_1}{\sin \beta} \cdot \frac{l}{a} \cdots \text{cm}. \tag{23}$$

2. **Doppelte Backenbremse.** Bei der doppelten Backenbremse (Abb. 37) werden zwei einander diametral gegenüberliegende Bremsbacken gegen die Scheibe gedrückt. Da sich die Drucke dieser beiden Bremsbacken gegenseitig aufheben, so wird die Welle im Gegensatz zur einfachen Backenbremse nicht auf Biegung beansprucht.

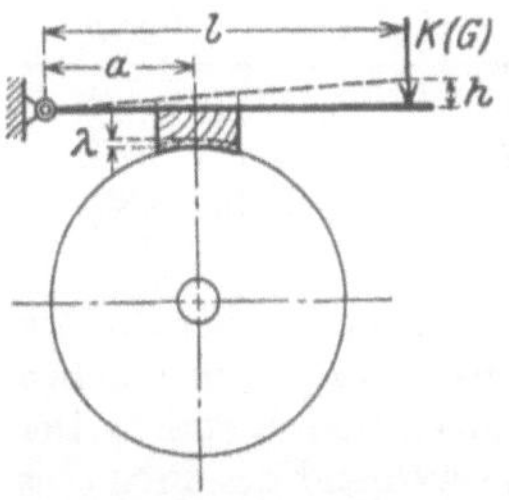

Die doppelte Backenbremse ist daher zum Abbremsen großer Momente geeignet und ist besonders dann vorteilhaft, wenn die Bremsscheibe, wie bei Fahr- und Drehwerken, ihre Umlaufrichtung wechselt. Auch bei den Hubwerken der elektrisch betriebenen Winden und Krane zieht man sie neuerdings der einfachen Bandbremse (s. S. 42) ihrer günstigen Lüftung wegen vor.

Abb. 35. Einfache Backenbremse (Lüftweg).

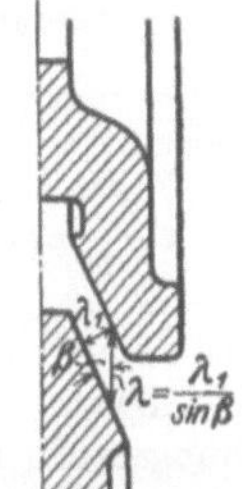

Abb. 36. Lüftweg bei keilförmiger Bremsbacke.

Die doppelte Backenbremse kommt nur für motorisch (elektrisch) betriebene Hebezeuge in Betracht und wird meist mit der auf Abb. 37 gegebenen Hebelanordnung ausgeführt. Die Bremse wird durch ein Gewicht G_1 angezogen und durch einen Magneten mit der Zugkraft Z gelüftet. An Stelle des Magnetbremslüfters tritt bei Drehstrom und einphasigem Wechselstrom auch ein Motorbremslüfter. Über Bremslüfter s. S. 22.

Bei der Jordan-Bremse (s. S. 82) wird die gewicht- oder federbelastete Bremse durch Druckluft gelüftet.

Da die Bremsen bei elektrischem Antrieb meist auf dem Umfang der elastischen Kupplung zwischen Motor und Triebwerk angeordnet werden, so ist die abbremsbare Leistung durch die übertragbare Leistung der Kupplung beschränkt. Elastische Kupplungen s. S. 28.

Sicherheit. Die Bremsen sind für eine den jeweiligen Betriebsverhältnissen entsprechende Sicherheit zu berechnen und zu bemessen.

Durch den Sicherheitsgrad wird der Belastungsstärke der Bremse, dem Abbremsen der lebendigen Kräfte und etwaigen Überlastungen Rechnung getragen.

Für die Annahme des Sicherheitsgrades sind daher die Betriebsart des Kranes und das Verhältnis der Totlast zur Nutzlast maßgebend[1].

1. Bremsen für normalen Betrieb $\mathfrak{S} = 2$ bis 3.

Normaler Betrieb liegt z. B. bei Werkstättenkranen vor. Bei diesen ist die Totlast (Gehänge, Unterflasche, Traverse u. dgl.) klein im Verhältnis zur Nutzlast.

---

[1] Demag A.-G., Duisburg.

2. Bremsen für angestrengten Betrieb und kleine Totlast: $\mathfrak{S} = 3$ bis 5.

Beispiele: Block- und Muldentransportkrane, Pratzenkrane, Block- und Muldenbeschickkrane u. a.

3. Bremsen für angestrengten Betrieb und große Totlast: $\mathfrak{S} = 5$ bis 6.

Beispiele: Stripperkrane, Masselschlagwerkkrane u. a.

Backendruck und Reibungszahl. Für die Berechnung der doppelten Backenbremse (Abb. 37) wird angenommen, daß jede der beiden Backen die Hälfte der Umfangskraft abbremst.

$$W_r = 2 N \mu \geqq U = \frac{M}{R}; \qquad \text{Backendruck:} \; N = U : 2\,\mu \ldots \tag{24}$$

Liegen die Bremshebeldrehpunkte $I\!-\!I$ nicht in den Tangenten an die Bremsscheibe, sondern um einen nicht zu großen Betrag b außerhalb oder innerhalb der Tangente (Abb. 29 bzw. 31 S. 15), so bremst die eine Backe je nach dem Umlaufsinn der Scheibe mehr oder weniger als die andere ab. Der Unterschied ist jedoch bei der meist ausgeführten Hebelanordnung Abb. 29 ziemlich klein (etwa 10 vH) und es kann daher auch für diese angenommen werden, daß jede Backe die Hälfte der Umfangskraft abbremst.

Zahlentafel 1. Reibungszahlen der Backenbremsen.

Werkstoff und Belag der Bremsbacken		Zustand der Bremsfläche	
		trocken	leicht gefettet
Gußeisen . . . . $\mu =$		0,18 bis 0,20	0,1 bis 0,15
Holz (Pappelholz) . . . . $\mu =$		0,30 bis 0,40	0,15 bis 0,20
Gußeisen oder Holz mit Ferodofibre . . . . $\mu =$		0,5 bis 0,6	0,20 bis 0,30

In neuerer Zeit wird Ferodofibre[1] in ausgedehntem Maße als Bremsbelag verwendet. Ferodofibre ist ein Baumwollgewebe, das nach einem geschützten Verfahren imprägniert ist. Wegen seiner hohen Reibungszahl ($\mu \approx 0,5$ bis 0,6) eignet es sich besonders als Belag für Kupplungen und Bremsen. Der günstigste Flächendruck des Materials liegt zwischen $\sigma = 0,5$ bis $3\ \mathrm{kg/cm^2}$. Die während des Bremsens infolge der erzeugten Reibungswärme auftretende Temperatur darf dauernd 140^0 C nicht überschreiten.

Die Lebensdauer des Ferodomaterials wird dadurch erhöht, daß es im Betriebe, seiner Beanspruchung entsprechend, mehr oder weniger geschmiert wird. Das hierbei verwendete Schmieröl muß gut und hitzebeständig sein, da sich sonst eine verbrannte Ölkruste auf dem Material absetzt. Die Lieferfirma empfiehlt Rizinusöl als geeigneten Schmierstoff.

Durch das Schmieren wird die Bremswirkung nur wenig vermindert.

Ferodo-Asbestos[1] ist ein Gewebe aus Asbest und Messingdrähten, das in gleicher Weise wie Ferodofiber imprägniert ist.

Seine Reibungszahl ist jedoch wegen der Messingeinlage niedriger ($\mu \approx 0,3$ bis 0,35). Günstigster Flächendruck des Materials: $\sigma = 0,5$ bis $0,6\ \mathrm{kg/cm^2}$.

Die Widerstandsfähigkeit gegen die erzeugte Reibungswärme geht bei Ferodo-Asbestos bis etwa 350^0 C. Es eignet sich daher besonders für Bremsen mit langen Schleifwegen.

Während Ferodofibre in allen üblichen Abmessungen geliefert wird, wird Ferodo-Asbestos in Gesenken gepreßt. Da die geforderte Stärke genau erreicht wird, so eignet sich das Material besonders für Bremsen und Kupplungen mit kleiner Lüftung. Die Herstellung des formgepreßten Ferodo-Asbestos ist verhältnismäßig teuer und es kommt daher nur für Serienherstellung in Frage.

Bei beiden Ferodomaterialien soll der spezifische Flächendruck nicht unter $0,5\ \mathrm{kg/cm^2}$ betragen, da ihre guten Reibungseigenschaften erst von diesem Druck an aufwärts beginnen. Geht der Flächendruck unter $0,5\ \mathrm{kg/cm^2}$, dann sinkt auch die Reibungszahl auf $\mu \approx 0,1$ bis 0,2.

Ein dem Ferodofibre und -Asbestos gleichwertiges Belagmaterial für Bremsen (und Kupplungen) ist das von den Kirchbachschen Werken, Coswig-Sachsen, hergestellte Jurid.

Gestängeübersetzung. Die Hebelarme des Gestänges werden durch Aufzeichnen der Bremse vorläufig festgelegt.

Mit Bezug auf die auf Abb. 37 eingetragenen Bezeichnungen ist die Gestängeübersetzung bis zum Angriff der Zugkraft Z des Bremslüfters:

$$i = \frac{a_1}{a_2} \cdot \frac{a_3}{a_4} \cdot \frac{a_4}{l} = \frac{1}{x}. \tag{25}$$

---

[1] Deutsche Ferodo-Gesellschaft, Töpken & Co., Berlin-Mariendorf.

Die Übersetzung liegt, da die Bremse meist in einem beschränkten Raum unter-
gebracht werden muß, zwischen 1 : 8 und 1 : 10. Sie läßt sich durch geeignete Ausführung des Gestänges auf 1 : 15 erhöhen.

Erforderliche Zugkraft des Bremslüfters. Unter Einführung des der Ge-
stängereibung Rechnung tragenden Wirkungsgrades ist die erforderliche Zugkraft
bzw. die Größe eines an ihrer Angriffstelle wirkend gedachten Bremsgewichtes
(Abb. 37):

$$Z_{\mathrm{erf}} = (G) = \mathfrak{S} \cdot N \cdot i \cdot \frac{1}{\eta} \cdots \mathrm{kg}. \tag{26}$$

Werte für den Sicherheitsgrad $\mathfrak{S}$ siehe S. 17.

Der Wirkungsgrad hängt von der Ausführung des Gestänges und der Schmierung
der Gelenke ab. Im Mittel: $\eta \approx 0{,}90$.

Lüftweg an der Angriffsstelle des Magneten. Wird jede Backe in ra-
dialer Richtung um den Betrag λ gelüftet, so ist der erforderliche Lüftweg (Abb. 37):

$$h_{\mathrm{erf}} = 2\,\lambda \cdot \frac{1}{i} \cdots \mathrm{cm}. \tag{27}$$

Je nach Größe der Bremse ist $\lambda \approx 0{,}10$ bis $0{,}25$ cm. Zu diesem Lüftweg ist noch
ein Zuschlag von 15 bis 20 vH zu machen, der dem Totgang des Bremsgestänges

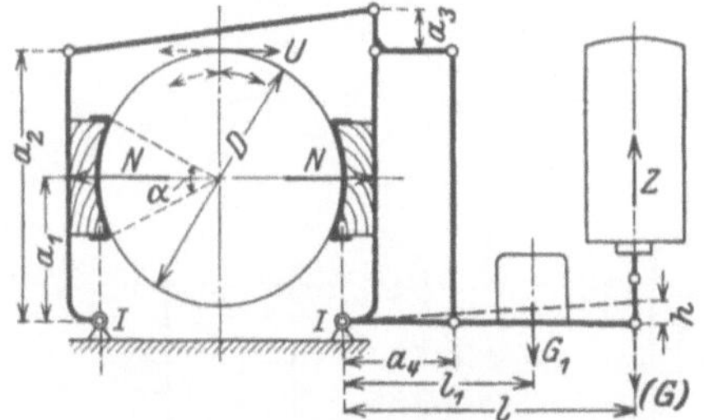

Abb. 37. Doppelte Backenbremse (Berechnungsskizze).

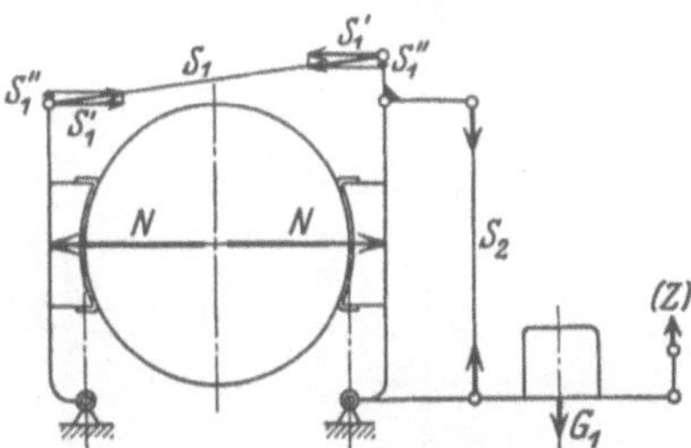

Abb. 38. Doppelte Backenbremse.
(Kräfte am Bremsgestänge.)

Rechnung trägt. Aus der Zugkraft Z_{erf} und dem Lüftweg h_{erf} ergibt sich die theoretische Arbeit des Bremslüfters zu

$$A_{\mathrm{erf}} = Z_{\mathrm{erf}} \cdot h_{\mathrm{erf}} .. \mathrm{kgcm}. \tag{28}$$

Bestimmung des Magnetbremslüfters (oder -motors) nach den Angaben S. 22.

Bremsgewicht. An der Angriffstelle des Magneten ist ein theoretisches Bremsgewicht $(G) = Z$ erforderlich. Da jedoch das Kerngewicht des Magnetankers G_a als
Bremsgewicht wirkt, so ist es von dem theoretisch erforderlichen Gewicht abzuziehen.

Das am Hebelarm l_1 wirkende, auszuführende Bremsgewicht ist daher:

$$G_1 = (G - G_a) \cdot \frac{l}{l_1} \cdots \mathrm{kg}. \tag{29}$$

Hat der Bremshebel selbst ein erhebliches Gewicht, so wird dieses von seinem
Schwerpunkt auf den Abstand l_1 umgerechnet und von dem nach Gl. (28) berechneten Gewicht abgezogen.

Das auszuführende Gewicht wird je nach den baulichen Verhältnissen vor (Abb. 37)
oder hinter dem Magneten angeordnet (Abb. 92, S. 39).

Die an einer doppelten Backenbremse nach der Anordnung Abb. 37 wirkenden
Gestängekräfte sind auf Abb. 38 maßstäblich eingetragen. Mit diesen Kräften werden
die Gestängeteile auf Festigkeit (und Flächendruck) berechnet.

Belastung der Bremse. Bezeichnen b_0 die Breite der Bremsbacke und l_0 die Projektion der im Bogenmaß gemessenen Länge in cm, so ist der Druck je 1 cm² Bremsfläche:

$$\sigma = \frac{N}{F} = \frac{N}{b_0 \cdot l_0} \cdots \text{kg/cm}^2. \tag{30}$$

Für den meist gewählten Zentriwinkel:

$$2\,\alpha = 60^0 \text{ ist } l_0 \approx \frac{1}{6} \cdot D\,\pi \approx 0{,}520\,D.$$

Zulässiger Flächendruck:

Für hölzerne Bremsbacken (aus Pappelholz)..... $\sigma \approx 2$ bis 3 kg/cm²,
 ,,   Bremsbacken mit Ferodofibre belegt .... $\sigma \approx 0{,}5$,,   3 kg/cm²,
 ,,   ,,   ,, Ferodo-Asbestos belegt ... $\sigma \approx 0{,}5$,,   6 kg/cm².

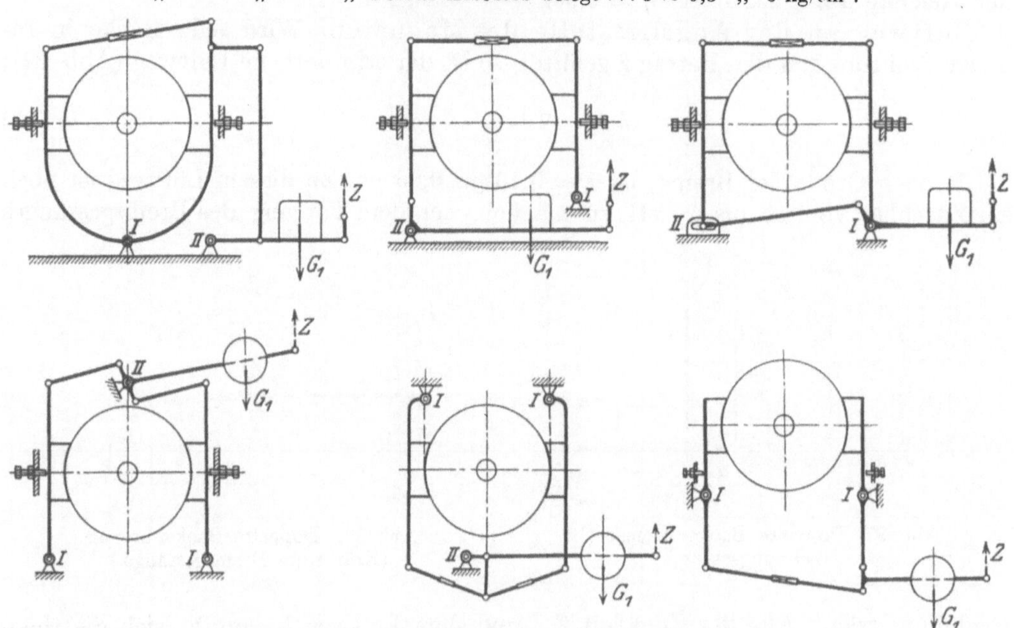

Abb. 39 bis 44. Doppelte Backenbremsen (Sonderbauarten).

Mit den Bezeichnungen S. 14 ist die abzubremsende Leistung in kW:

$$N_{\overline{\text{kW}}} = 0{,}736 \cdot \frac{U \cdot v}{75}. \tag{31}$$

Mit $U = 2\,N\mu$ und $N = F \cdot \sigma = b_0 \cdot l_0 \cdot \sigma$ wird für die doppelte Backenbremse:

$$N_{\text{kW}} = \frac{2\,b_0\,l_0 \cdot \sigma\,\mu \cdot v}{102}. \tag{32}$$

Die Belastung der Bremse ist in Rücksicht auf die Wärmeableitung beschränkt. Aus Gl. (30) wird der für die Belastbarkeit maßgebende Wert

$$\sigma \cdot v = \frac{102\,N_{\text{kW}}}{2\,b_0 \cdot l_0 \cdot \mu} \cdots \frac{\text{kg} \cdot \text{m}}{\text{cm}^2\,\text{sek}}. \tag{33}$$

Die zulässigen Werte hängen von dem Arbeitszweck der Bremse ab.
Nach Angaben der Hütte[1] werden zugelassen:

Für Nachlauf- und Stoppbremsen................ $\sigma \cdot v \lesssim 20$,
 ,,   Senkbremsen mit schlechter Wärmeableitung . $\sigma \cdot v \le 10$,
 ,,   ,,   ,, guter   ,, $\sigma \cdot v \le 30$.

____
[1] 25. Aufl., Bd. 2, S. 707.

Die auf 1 cm² Bremsfläche bezogene Reibungsleistung

$$\sigma \cdot v \cdot \mu = \frac{102\,N_{kW}}{2\,b_0 \cdot l_0} \cdots \frac{\text{kgm}}{\text{cm}^2\,\text{sek}} \cdots \qquad (33\,a)$$

soll nach Krell[1] bei natürlicher Luftkühlung betragen:

$$\text{Für leichten Betrieb: } \sigma v \mu \leq 10 \,,$$
$$\text{„ schweren „ } \sigma v \mu \leq 6\,.$$

Bei guter Schmierung und Kühlung oder bei seltener Inanspruchnahme der Bremse sind höhere Werte zulässig (bis $\sigma v \mu = 30$). Da jedoch bei den Hebezeugbremsen eine dauernde gute Schmierung nicht gewährleistet ist, so rechnet man besser mit den niedrigen Werten.

Bei der Druckluftbremse Bauart Jordan (siehe S. 84) wird $\sigma v \mu = 30$ und mehr zugelassen. Hierbei kann v den Wert 40 bis 50 m/sek erreichen.

Weitere Bauarten von doppelten Backenbremsen. Neben der allgemein angewendeten Bauart Abb. 37 kommen noch folgende schematisch dargestellte Bauarten in Betracht, die besonderen räumlichen oder konstruktiven Verhältnissen Rechnung tragen:

Abb. 39: Bei dieser Anordnung haben die beiden Backenhebel gemeinsamen Drehpunkt (I) und der Abstand b (Abb. 31, S. 15) hat seinen Größtwert. Damit wird auch bei gleichem K [Gl. (16) S. 15] der Unterschied zwischen dem von jeder Backe abbremsbaren Teil der Umfangskraft groß.

Anwendung der Bremse hauptsächlich im Aufzugbau.

Abb. 40: Gegenüber der allgemeinen Bauart (Abb. 37) hat diese den Vorzug einer kurzen Baulänge und eignet sich daher besonders als Hubwerkbremse für elektrische Laufkatzen.

Abb. 41: Bei dieser ist der Hebeldrehpunkt I fest, während der Drehpunkt II wagerecht verschiebbar ist. Wird die Bremse angezogen, so legt sich zuerst die linke Backe an und dann erst die rechte. Die Bauart wird seltener angewendet.

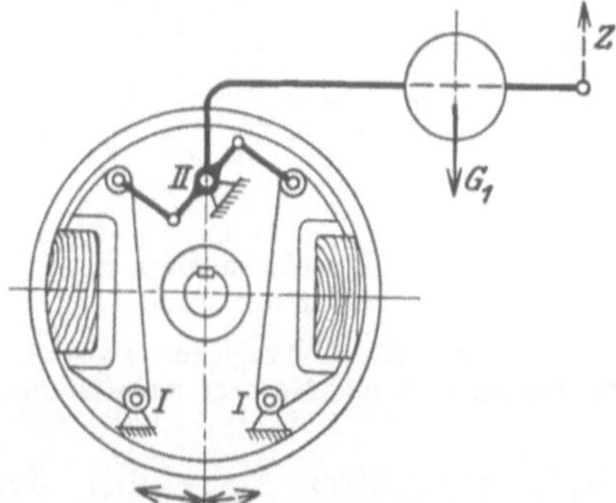

Abb. 45. Innenbackenbremse (schematische Darstellung).
$I{-}I$ und II feste Hebeldrehpunkte.

Abb. 42: Die Bauart ist wegen des hochliegenden Bremshebeldrehpunktes II konstruktiv unvorteilhaft und wird daher wenig verwendet.

Abb. 43: Für diese Bauart gilt hinsichtlich der Hebeldrehpunkte das gleiche wie für die vorherige Bauart.

Abb. 44: Der gewichtbelastete Bremshebel hat keinen festen Drehpunkt, sondern ist an dem rechten Backenhebel gelenkig aufgehängt. Ein Nachteil der Bauart ist der, daß die nachstellbare Verbindungsstange zwischen den beiden Backenhebeln auf Druck beansprucht ist und zur Vermeidung des seitlichen Ausknickens stärker bemessen werden muß. Anwendung der Bauarten Abb. 43 und 44 hauptsächlich bei Kranfahrwerken.

Näheres über die Kräftewirkung an verschiedenen Bauarten von einfachen und doppelten Backenbremsen s. Klein: Die Bremskräfte bei Backenbremsen für Hebemaschinen: Maschinenkonstrukteur (Zeitschr. f. Betr. u. Konstr.)[2] 1928, S. 39 und 57.

Innenbackenbremse. Die doppelte Backenbremse wird auch gelegentlich und wenn ein besonders gedrängter Bau der Bremse gefordert ist, als Innenbackenbremse (Abb. 45) ausgeführt. Die Bremsscheibe ist dann glockenförmig gestaltet und beide Backen drücken gegen die hohlzylindrische Fläche der Scheibe. Diese ist daher wegen

---

[1] Entwerfen im Kranbau. München und Berlin: R. Oldenbourg 1928.
[2] Leipzig C 1: J. J. Arnd.

der starken, nach außen wirkenden Radialdrücke kräftig zu bemessen und gegebenenfalls durch Rippen zu versteifen. Die Hebelanordnung des Gestänges ist grundsätzlich die gleiche wie bei der Außenbackenbremse Abb. 42.

Bremslüfter.

Die Bremslüfter gehören zur elektrischen Ausrüstung der Krane und dienen zum Lüften der gewichtbelasteten Hub-, Fahr- und Drehwerkbremsen.

Nach den „Regeln für die Bewertung und Prüfung von Steuergeräten, Widerstandsgeräten und Bremslüftern für aussetzenden Betrieb"[1] werden Bremslüfter mit magnetischer Wirkung, Magnetbremslüfter und solche mit motorischer Betätigung,

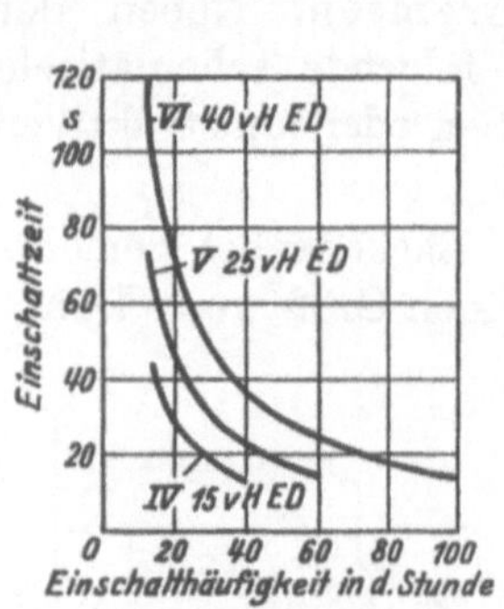

Abb. 46. Einschalthäufigkeit
12 bis 100 in der Stunde.

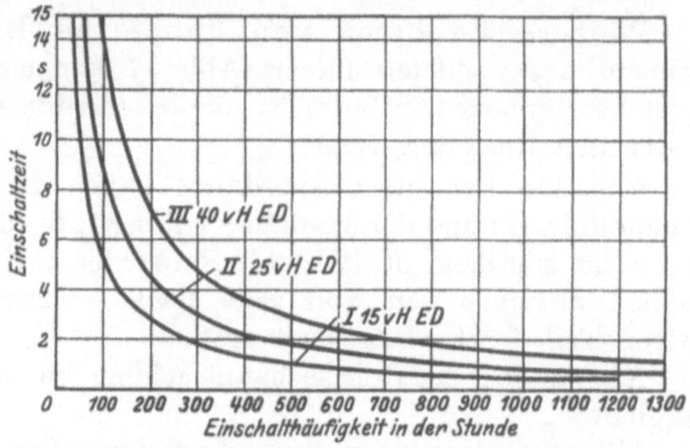

Abb. 47. Einschalthäufigkeit bis 1300 in der Stunde.

Abb. 46 und 47. Abhängigkeit zwischen Einschaltzeit und Einschalthäufigkeit für Magnetbremslüfter für Gleichstrom und Motorbremslüfter für Drehstrom nach den Regeln für aussetzenden Betrieb von 1926.

Motorbremslüfter, ausgeführt. Jene werden für alle Stromarten, diese vorwiegend für Drehstrom benützt.

Die Wicklungen der Bremslüfter werden ebenso wie die Wicklungen elektrischer Maschinen für aussetzenden Betrieb (§ 30 der REM 1923) bemessen.

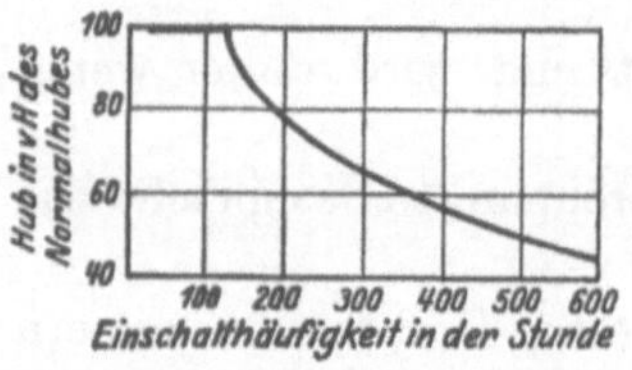

Die Bremslüfter werden nach der verhältnismäßigen Einschaltdauer (ED) bewertet.

Die verhältnismäßige (prozentuale) Einschaltdauer ist das Verhältnis der Summe aller Einschaltzeiten eines Krantriebwerks zur Summe aller Einschaltzeiten plus der Summe aller Ruhepausen während einer bestimmten Betriebszeit und wird in vH ausgedrückt.

Abb. 48. Abhängigkeit zwischen Hub (Hubarbeit) und Einschalthäufigkeit mit Einphasen- und Mehrphasen-Magnet-Bremslüftern nach den Regeln für aussetzenden Betrieb von 1926.

$$\text{vH ED} = \frac{\Sigma \, \text{Einschaltzeiten}}{\Sigma \, \text{Einschaltzeiten} + \Sigma \, \text{Ruhepausen}} \cdot \quad (34)$$

Als normale Werte der verhältnismäßigen Einschaltdauer gelten 15, 25 und 40 vH. In seltenen Fällen ist 100 vH ED = Dauereinschaltung erforderlich.

Bei den Einphasen-, Zweiphasen- und Drehstrom-Magnetbremslüftern ist für die Erwärmung neben der relativen Einschaltdauer auch noch die Schalthäufigkeit je Stunde maßgebend, da der Einschaltstrom bedeutend größer als der nach Beendigung des Hubes sich einstellende Haltestrom ist.

Mit Rücksicht auf die kleinere Wärmeaufnahmefähigkeit der Bremslüfter gegenüber den Motoren darf die Spieldauer (Einschaltdauer + stromlose Pause) höchstens 5 Min. betragen gegen 10 Min. bei den Motoren. Hieraus ergeben sich folgende größten zulässigen Einschaltzeiten[2]:

---

[1] VDE 369 — RAB 1927, herausgegeben vom Verband Deutscher Elektrotechniker, Berlin W 57.

[2] Weiler, L.: Wahl der elektrischen Steuergeräte, Widerstandsgeräte und Bremslüfter bei aussetzendem Betrieb. Z. V. d. I. 1928, S. 511.

$$\text{Bei } 15 \text{ vH. ED: Größte Einschaltzeit} = \frac{15 \cdot 300}{100} = 45 \text{ sek}$$

$$\text{„ } 25 \text{ „ } \text{ „ } : \text{ „ } \text{ „ } = \frac{25 \cdot 300}{100} = 75 \text{ „}$$

$$\text{„ } 40 \text{ „ } \text{ „ } : \text{ „ } \text{ „ } = \frac{40 \cdot 300}{100} = 120 \text{ „}$$

wobei der Grenzwert der Einschalthäufigkeit für die zulässigen längsten Einschaltzeiten $\frac{3600}{300} = 12$ in der Stunde beträgt.

Für eine größere Schalthäufigkeit berechnet sich die Einschaltzeit zu: $\frac{36 \text{ vH ED}}{\text{Einschalthäufigkeit}} \cdots \text{sek.}$

Auf den Abb. 46 und 47[1] ist die Beziehung zwischen Einschaltzeit und Einschalthäufigkeit für 15, 25 und 40 vH ED zeichnerisch dargestellt. Magnetbremslüfter für Ein- oder Mehrphasenstrom, bei denen der Einschaltstrom größer als der nach Beendigung des Hubes sich einstellende Haltestrom ist, sollen bei 15, 25 und 40 vH ED mindestens 120 Schaltungen in der Stunde bei fortgesetztem Schalten — 8 Stunden lang und länger — bei vollem Hub aushalten. Für größere Schalthäufigkeiten ist der Hub zu verkleinern, wobei sich die Beziehungen zwischen Einschalthäufigkeit und Hub (Hubarbeit) aus Abb. 48 ergeben.

1. Magnetbremslüfter.

Die Lüftbewegung wird bei den Magnetbremslüftern von einem Kolben (Ankerkern) ausgeführt, der in eine Spule bei deren Erregung hineingezogen wird. Bei allen Magnetbremslüftern wirkt das Ankergewicht als Teil des Bremsgewichtes und ist daher von diesem abzuziehen (s. S. 19).

Der Anker ist durch Laschen gelenkig an den Bremshebel anzuschließen (s. S. 35), da sonst infolge des Hebelausschlages Kräfte quer zur Ankerbewegung wirken, wodurch eine unzulässig hohe Reibung in der Ankerführung auftritt, die die Zugkraft des Magneten erheblich vermindert.

Eine volle Ausnützung der Zugkraft ist bei den Magnetbremslüftern erwünscht, einerseits, um das Anheben schlagfrei zu beenden und andererseits, um ein schnelles Abfallen des Bremsgewichtes zu erreichen. Der Hub der Magnete darf nur zum Teil ausgenutzt werden.

Damit Stöße im Triebwerk, hervorgerufen durch ein plötzliches Anziehen der Bremse, vermieden werden, sind bei den Magnetbremslüftern Luftpuffer eingebaut, die das Bremsgewicht stoßfrei wirken lassen.

a) **Gleichstrom-Magnetbremslüfter.** Der Magnet besteht im wesentlichen aus dem zylindrischen Gehäuse (Abb. 51 und 52), der in ihm eingesetzten hohlzylindrischen Spule (Wickelung) und dem in der Spule auf- und abbewegbaren, zylindrischen Ankerkern. Am unteren Ende des Ankerkerns ist eine Bohrung

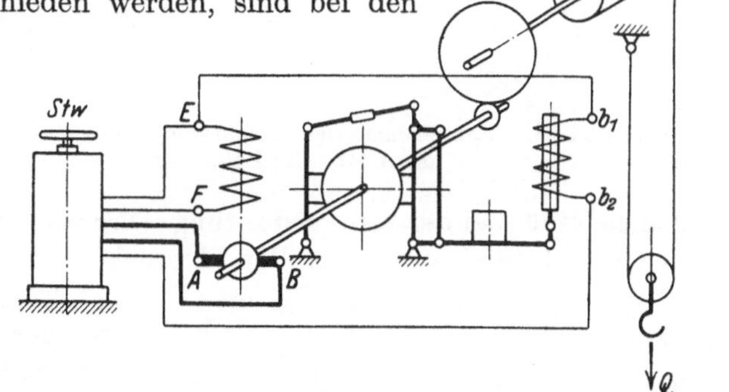

Abb. 49. Nebenschluß-Magnetbremslüfter (Schaltschema).
A–B Anker, E–F Erregung des Motors, *Stw* Steuerwalze, b_1–b_2 Nebenschluß-Bremslüfter.

angebracht, die zum Anschluß des Magneten an den Bremslüfter dient. Die Wirkung des Magneten besteht darin, daß die vom Strom durchflossene Spule ein magnetisches Feld hervorruft, dessen Kraft den Ankerkern hochzieht und dadurch die Bremse lüftet.

Nach der Schaltung unterscheidet man bei Gleichstrom Nebenschluß- und Hauptstrombremslüfter.

αα) **Nebenschluß-Magnetbremslüfter.** Der Nebenschluß-Magnetbremslüfter ist parallel zum Motor geschaltet (Abb. 49). Seine Stromstärke ist daher von dem mit der Belastung veränderlichen Motorstrom unabhängig, was für ein sicheres

---

[1] l. c. S. 22.

Arbeiten der Bremse wesentlich ist. Der Nebenschlußmagnet erfordert an der Steuerwalze einen besonderen Kontaktring und einen besonderen Leitungsdraht in der Stromzuführung. Ist noch eine Endausschaltung vorgesehen, so sind zwei besondere Zuleitungen notwendig.

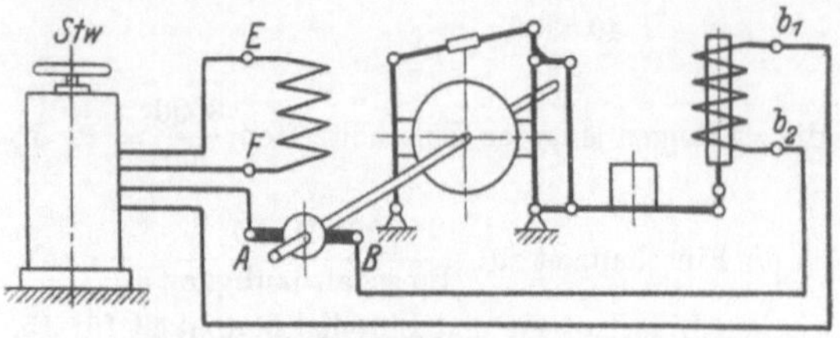

Abb. 50. Hauptstrom-Magnetbremslüfter (Schaltschema).

A—B Anker. E—F Erregung des Motors, Stw Steuerwalze, b_1—b_2 Hauptstrom-Bremslüfter.

Gegenüber dem Hauptstrommagneten wird der Nebenschlußmagnet in überwiegendem Maße angewendet. Bei Senkbremsschaltungen ist seine Verwendung Bedingung.

Für Dauereinschaltung (z. B. bei den Katzenfahrwerken der Verladebrücken und Kranfahrwerken mit langer Fahrstrecke des Kranes) werden die Magnetbremslüfter auch mit einem Sparschalter ausgerüstet. Der Sparschalter öffnet sich nach erfolgtem Anziehen selbsttätig und schaltet dadurch einen Widerstand vor die Magnetwickelung, wodurch der Stromverbrauch während der folgenden Einschaltzeit vermindert wird.

$\beta\beta$) Hauptstrom - Magnetbremslüfter. Der Hauptstrommagnet ist in den Stromkreis des Motorankers geschaltet (Abb. 50). Seine Verwendung erfordert daher keine besonderen Kontakte an der Steuerwalze und keine besonderen Schleifleitungsdrähte bei der Stromzuführung. Dies ist bei langen Schleifleitungen, wie z. B. den Querschleifleitungen der Verladebrücken von Bedeutung.

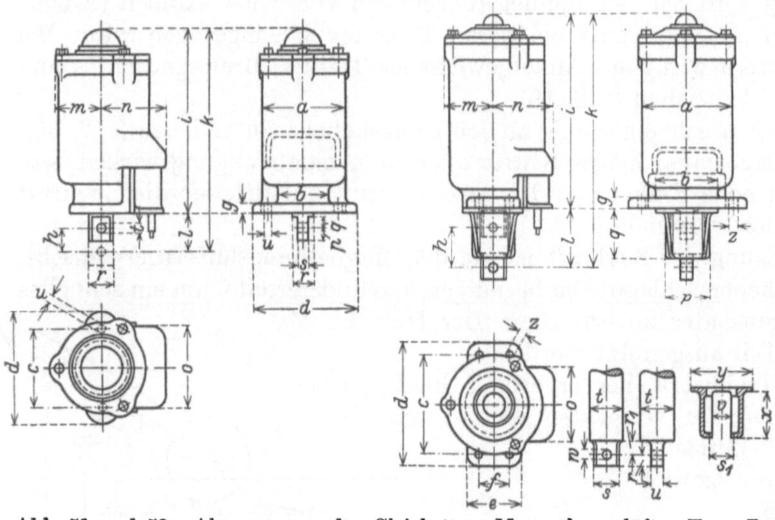

Abb. 51 und 52. Abmessungen der Gleichstrom-Magnetbremslüfter Type Bn der AEG. (Zu Zahlentafel 2.)

Ein Nachteil des Hauptstrommagneten ist der bei ihm auftretende hohe Spannungsabfall, der die Drehzahl und Leistung des Motors, in dessen Ankerstromkreis er geschaltet ist, herabmindert. Dies ist besonders bei Hubwerken störend, da bei diesen vorsichtig angefahren wird und der Anfahrstrom etwa ein Drittel des normalen Betriebsstromes beträgt.

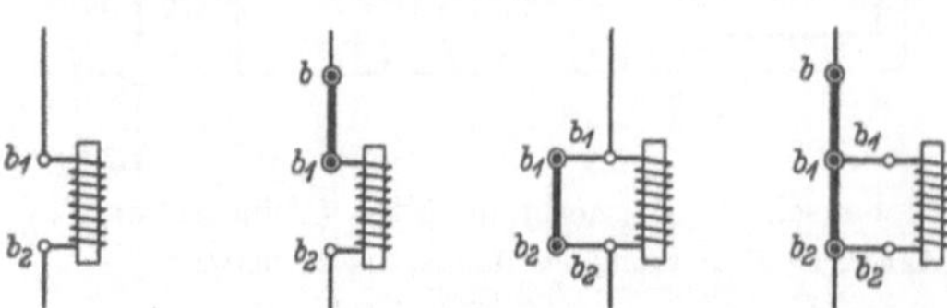

Abb. 53 bis 56. Anordnung der Vorschalt- und Schutzwiderstände zu den Gleichstrom-Magnetbremslüftern.

Bei Hubwerken mit Senkbremsschaltung ist die Anwendung des Hauptstrommagneten ausgeschlossen, da der Motorstrom erst durch das Senken der Last in dem als Generator geschalteten Motor erzeugt wird und die Bremse schon vorher gelüftet sein muß.

Bei den Gleichstrom-Magnetbremslüftern ist der Anker im Gehäuse drehbar. Dieses kann daher in beliebiger Stellung zum Bremshebel angeordnet werden.

Magnetbremslüfter, die im Freien aufgestellt werden, sind durch ein Blechdach gegen Regen zu schützen.

Zahlentafel 2. Gleichstrom-Magnetbremslüfter Type Bn[1] (Abb. 51 und 52) AEG, Berlin.
Größe XI bis XIII: Abb. 51; Größe XIV bis XVII: Abb. 52.
Abmessungen in mm.

25 vH Einschaltdauer					40 vH Einschaltdauer					100 vH Einschaltdauer				
Größe	Anker-gewicht netto kg	Type Größe	Zug-kraft kg	Hub mm	Größe	Anker-gewicht netto kg	Type Größe	Zug-kraft kg	Hub mm	Größe	Anker-gewicht netto kg	Type Größe	Zug-kraft kg	Hub mm
XI	0,65	Bn XI	6,5	30	XI	0,65	Bn XI	2,5	30	XI	0,65	Bn XI	4,5	30
XII	1,3	Bn XII	12,5	40	XII	1,3	Bn XII	4,5	40	XII	1,3	Bn XII	9,5	40
XIII	2,6	Bn XIII	19	60	XIII	2,6	Bn XIII	7	60	XIII	2,6	Bn XIII	14	60
XIV	6	Bn XIV	30	80	XIV	6	Bn XIV	12	80	XIV	6	Bn XIV	21	80
XV	12,8	Bn XV	55	100	XV	12,8	Bn XV	20	100	XV	12,8	Bn XV	40	100
XVI	23,5	Bn XVI	100	120	XVI	23,5	Bn XVI	33	120	XVI	23,5	Bn XVI	72	120
XVII	52	Bn XVII	130	150	—	—	—	—	—	XVII	52	Bn XVII	100	150

Größe	Abmessungen in mm																	
	a	b	c	d	e	f	g	i	k	l	m	n	o	p	q	r	s	t	u
XI	96	60	86	114	—	—	10	204	250	46	55	80	96	15	15	28	14	10	9
XII	120	80	104	134	—	—	13	249	310	61	69	90	96	15	20	36	16	12	11
XIII	140	80	120	160	—	—	15	305	388	83	80	103	125	20	20	45	20	15	13

Größe	a	b	c	d	e	f	g	i	k	l	m	n	o	p	q	r	r_1	s	s_1		u	v	w	x	y	z
XIV	170	110	180	225	105	60	20	370	475	105	96	110	125	76	88	25	25	50	58	63	25	45	20	80	110	14
XV	205	150	220	280	130	70	25	453	588	135	116	140	160	96	110	25	30	60	70	80	30	54	21	100	140	18
XVI	245	190	260	330	160	90	30	513	678	165	138	155	160	120	130	30	35	70	90	105	34	—	25	—	170	21
XVII	300	240	320	400	180	100	35	600	815	215	168	185	180	160	170	30	40	70	120	140	36	—	28	—	220	25

Der Anker ist im Gehäuse drehbar, so daß die Aufhängeöse in jeder Richtung des Bremshebels eingestellt werden kann.

Für die Magnetbremslüfter Abb. 51 und 52 werden Vorschalt- und Schutzwiderstände geliefert, die nach Abb. 53 bis 56 geschaltet werden. Abb. 53: Bremslüfter

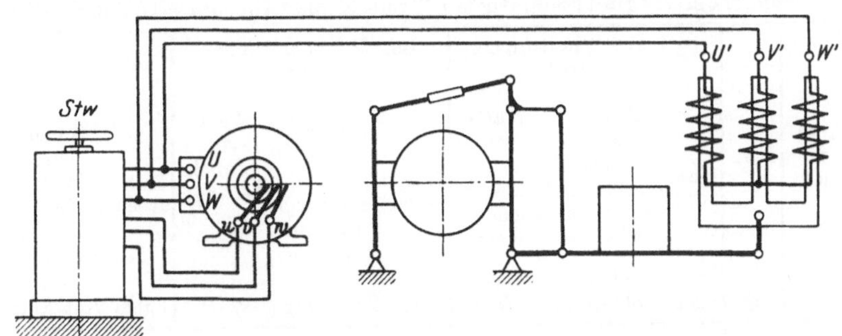

Abb. 57. Drehstrom-Magnetbremslüfter (Schaltschema).
U—V—W Ständer, u—v—w Läufer des Motors, Stw Steuerwalze, U'—V'—W' Magnetbremslüfter.

ohne Widerstand. Abb. 54: Mit Vorschaltwiderstand. Abb. 55: Mit Schutzwiderstand, Abb. 56: Mit Vorschalt- und Schutzwiderstand.

---

[1] Nebenschluß-Magnetbremslüfter mit ziehender Kraftwirkung.

β) **Drehstrom-Magnetbremslüfter.** Der Drehstrom-Magnetbremslüfter wird stets parallel zum Ständer (Stator) des Motors geschaltet (Abb. 57). Der Drehstrommagnet nimmt im Augenblick des Einschaltens einen verhältnismäßig hohen Strom auf, der dann schnell auf einen sehr niedrigen Betrag sinkt. Seine Leistungsfähigkeit ist daher weniger von der Einschaltdauer als von der Zahl der Einschaltungen abhängig.

Für die Wahl der Größe eines Drehstrom-Magnetbremslüfters sind daher die relative Einschaltdauer und die Schalthäufigkeit (s. S. 22) maßgebend.

Die Zugkraft der Magnete ist bei allen Schaltungszahlen die gleiche, dagegen wird der Hub mit ansteigender Schaltungszahl kleiner.

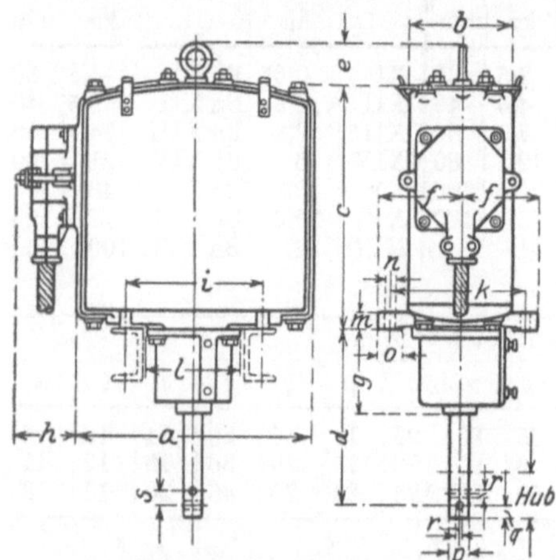

Abb. 58. Abmessungen der Drehstrom-Magnetbremslüfter Type K 239 der SSW. (Zu Zahlentafel 3.)

Wegen des nach erfolgtem Anziehen niedrigen Stromverbrauchs (des Haltestroms) sind die Drehstrommagnete mit verringerter Leistung für Dauerschaltung geeignet.

Die Drehstrommagnete müssen derart eingebaut sein, daß der Anker ohne Behinderung durch das Bremsgestänge so eingezogen werden kann, daß sich die Polflächen berühren. Ist dies nicht der Fall, so verbrennen die Spulen. Um diese gegen zu hohe Stromstärke, hervorgerufen durch etwaiges Klemmen des Bremsgestänges, zu schützen, werden besondere Sicherungen angeordnet. Der beim Anziehen der Drehstrommagnete auftretende hohe Strom erfordert einen Zuschlag zum Arbeitsstrom. Dieser erhöhte Wert der Stromstärke ist für die Bemessung der Motorsicherungen maßgebend.

Der Ankerkern der Drehstrom-Magnetbremslüfter ist, im Gegensatz zu dem Gleichstrommagneten, wegen der dreiphasigen Wickelung (Abb. 57) nicht drehbar. Zum Anschluß an das Bremsgestänge ist die Ankerzugstange mit zwei um 90° zueinander versetzten Bohrungen versehen. Das Magnetgehäuse kann daher nur in zwei Stellungen befestigt werden, die ebenfalls unter 90° zueinander stehen.

Zahlentafel 3. Drehstrom-Magnetbremslüfter Type K 239 (Abb. 58) SSW, Berlin-Siemensstadt.

Type	Kerngewicht	Hub	Bei 120 Schaltungen je Std.[1]			Bei 300 Schaltungen je Std.[1]			Bei Dauereinschaltung		
			Hubarbeit	Scheinbarer Wattverbrauch beim Einschalten	Wattverbrauch bei angezogenem Kern	Hubarbeit	Scheinbarer Wattverbrauch beim Einschalten	Wattverbrauch bei angezogenem Kern	Hubarbeit	Scheinbarer Wattverbrauch beim Einschalten	Wattverbrauch bei angezogenem Kern
	kg	cm	kgcm	etwa Volt-Amp.	etwa Watt	kgcm	etwa Volt-Amp.	etwa Watt	kgcm	etwa Volt-Amp.	etwa Watt
K 239 *o*	2	4	50	5900	110	30	3900	60	37	4100	62
K 239 *I*	4	4	120	14900	140	75	9600	70	95	12100	105
K 239 *II*	7,5	5	220	28000	220	140	18000	90	170	21000	110
K 239 *III*	13	5	325	42500	270	200	28000	150	240	30600	170
K 239 *IV*	22	5	640	64000	380	400	42000	190	525	50000	260
K 239 *VI*	34	5	950	82000	400	600	53500	250	750	68000	330

[1] Die Magnetbremslüfter sind, da sie verschiedene Spulenwicklungen für 120 und 300 Schaltungen je Stunde bzw. für Dauereinschaltung erhalten haben, nur für die bestellte Schaltzahl verwendbar.

Zahlentafel 3 (Fortsetzung).

Type	Abmessungen in mm																	
	a	b	c	d	e	f	g	h	i	k	l	m	n	o	p ⌀	q	r	s
K 239 *o*	206	92	225	105	46	74	19	44	120	124	—	16	9	24	18	14	8	14
K 239 *I*	260	120	255	180	50	90	90	75	150	150	105	18	11	25	22	14	8	14
K 239 *II*	290	130	290	210	60	100	105	75	170	170	120	20	11	30	25	16	10,5	16
K 239 *III*	340	140	350	226	60	105	115	75	190	170	130	25	14	40	30	18	13	18
K 239 *IV*	390	170	410	240	70	120	125	75	230	200	145	30	14	40	35	20	15	24
K 239 *VI*	530	180	435	268	80	140	136	70	320	230	160	33	20	50	40	25	20	30

2. Motorbremslüfter.

Bei Drehstrom sowie bei ein- bzw. zweiphasigem Wechselstrom werden auch Motorbremslüfter verwendet. Der Motor ist bei Drehstrom ein kleiner Asynchronmotor mit Kurzschluß- oder Schleifringläufer. Das Bremsgewicht wird bei dem Motorbremslüfter durch eine Kurbel angehoben, die vermittels eines Stirnrädergetriebes beiderseitig aus ihrer Totlage gedreht wird. In der höchsten Lüftstellung der Bremse wird die lebendige Kraft des Läufers durch eine als Puffer wirkende Spiralfeder aufgenommen. Bei Stromunterbrechung geht die Kurbel unter dem Einfluß des Bremsgewichtes in ihre Ruhelage zurück. Ein in dieser Lage angeordneter Luftpuffer, dessen Dämpfung vermittels einer Stellschraube regelbar ist, nimmt den Stoß in der Endstellung elastisch auf.

Die Motorbremslüfter werden angewendet, wenn der starke Stromstoß beim Einschalten des Lüfters und der dadurch verursachte Spannungsabfall vermieden werden soll. Eine möglichst volle Ausnützung ihrer Zugkraft ist Bedingung.

Da der Einschaltstrom bei den Motorbremslüftern nicht größer als der Haltestrom ist, so ist die Schalthäufigkeit für die Größenbestimmung ohne Einfluß.

Zahlentafel 4. Drehstrom-Motorbremslüfter Type K 3831—33[1]. SSW, Berlin-Siemensstadt.

Type	15 vH Einschaltdauer				Type	25 vH Einschaltdauer			
	Hubarbeit		Leistungs-aufnahme			Hubarbeit		Leistungs-aufnahme	
	kgcm	kg × cm	kVA	kW		kgcm	kg × cm	kVA	kW
K 3831-21	390	70×5,5 b. 34×11,5	1,2	0,96	K 3831-22	300	55×5,5 b. 26×11,5	0,95	0,7
K 3832-31	500	70×7 „ 38×13	1,68	1,35	K 3832-32	430	61×7 „ 33×13	1,26	1
K 3832-41	635	90×7 „ 50×13	2	1,66	K 3832-42	570	81×7 „ 44×13	1,6	1,25
K 3833-51	1000	125×8 „ 62×16	2,6	2,1	K 3833-52	830	104×8 „ 52×16	2,3	1,8
K 3833-61	1200	150×8 „ 75×16	4,1	3	K 3833-62	1035	130×8 „ 64×16	3	2,3
K 3833-71	2500	310×8 „ 156×16	6,3	4,5	K 3833-72	2220	280×8 „ 140×16	5,1	3,6

Type	40 vH Einschaltdauer				Type	100 vH Einschaltdauer			
	Hubarbeit		Leistungs-aufnahme			Hubarbeit		Leistungs-aufnahme	
	kgcm	kg × cm	kVA	kW		kgcm	kg × cm	kVA	kW
K 3831-24	225	40×5,5 b. 20×11,5	0,68	0,53	K 3831-20	110	20×5,5 b. 9,5×11,5	0,47	0,25
K 3831-34	350	64×5,5 „ 30×11,5	0,99	0,76	K 3831-30	160	29×5,5 „ 14×11,5	0,52	0,37
K 3832-44	460	65×7 „ 35×13	1,23	0,97	K 3832-40	210	30×7 „ 16×13	0,68	0,46
K 3832-54	640	91×7 „ 49×13	1,8	1,44	K 3832-50	300	43×7 „ 23×13	1,1	0,88
K 3833-64	840	105×8 „ 52×16	2,36	1,82	K 3833-60	450	56×8 „ 28×16	1,48	0,99
K 3833-74	1700	212×8 „ 106×16	3,8	2,68	K 3833-70	750	94×8 „ 47×16	2,5	1,23

[1] Die Motorbremslüfter besitzen Schleifringläufer. Die hierzu gehörigen Läuferwiderstände werden als Type „bw" bzw. „3 w" mitgeliefert. Sie werden vom Werk aus für die verlangte Hubarbeit und Einschaltdauer (ED) eingestellt. Die Bremslüfter können auch für eine andere als die verlangte Hubarbeit und Einschaltdauer ohne Änderung der Motorwicklung verwendet werden, wenn ein dementsprechend bemessener Läuferwiderstand benutzt wird. Die Hubhöhe kann ohne Veränderung der Hubarbeit verändert werden.

Motorbremslüfter für lange Einschaltdauer müssen besonders gewickelt werden. Bei Dauereinschaltung zieht man jedoch einen Magnetlüfter vor. Das Kupplungsteil, das den Motorbremslüfter mit dem Bremshebel verbindet, erhält ein Langloch, damit die Kurbel ohne schädliche Kniehebelwirkung frei durch die Totlage durchschwingen kann (Abb. 92, S. 39).

Gestaltung und Einbau der Backenbremsen. Konstruktion der Bremsteile.

1. Bremsscheiben.

Für Handhebezeuge werden sie aus Gußeisen, für elektrische Hebezeuge aus Stahlguß hergestellt.

Ausführung mit Versteifungsrippen ist im allgemeinen nicht erforderlich, da der Anpressungsdruck stets in radialer Richtung wirkt und die Bremsbacken gleichmäßig anliegen, so daß der Kranz und die gegen die Nabe zu verstärkte Scheibe genügend Festigkeit haben. Zur Gewichtsersparnis werden die Scheiben nicht voll ausgeführt, sondern erhalten kreisförmige Aussparungen (Abb. 59).

Die Bremsscheiben für elektrische Hebezeuge sind nach DIN 535 (Zahlentafel 5) genormt und in drei Breitenausführungen — schmal, mittel und breit — vorgesehen.

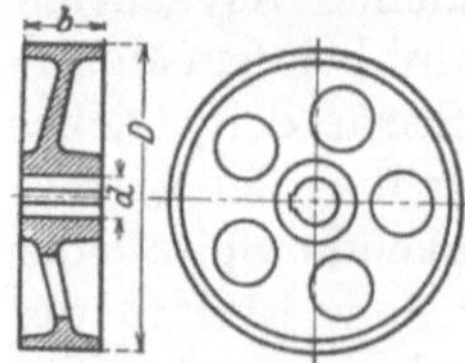

Abb. 59. Bremsscheibe (Abmessungen nach DIN 535).

Da die von den Bremsen abzubremsende Arbeit an der Scheibe in Wärme umgesetzt wird, so muß die Scheibe zur schnellen Wärmeabführung eine genügend große Oberfläche haben. Ist diese bei großen Bremsleistungen nicht ausreichend, so führt man die Scheibe mit Kühlrippen aus (Abb. 174, S. 84).

2. Elastische Kupplungen.

Die Halte- bzw. Nachlaufbremsen der Hub-, Fahr- und Drehwerke der elektrisch betriebenen Winden und Krane werden meist auf der einen Scheibe der elastischen Kupplung angeordnet, die den Motor mit dem Triebwerk verbindet. Man gibt dieser

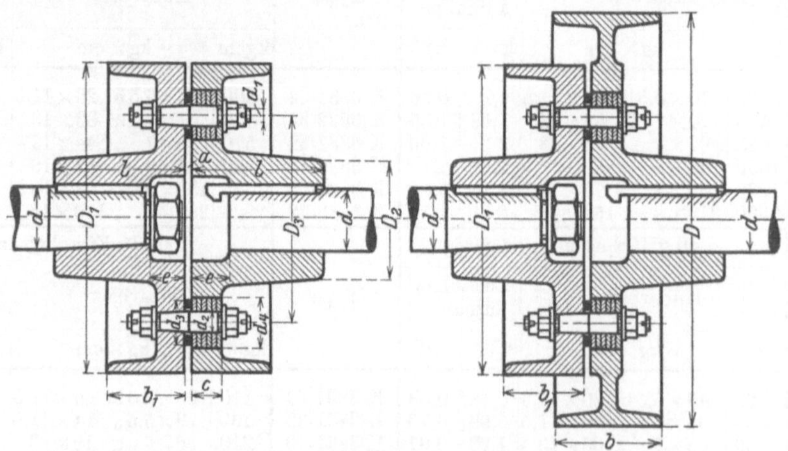

Abb. 60 und 61. Elastische Kupplungen. Bauart A ohne, Bauart B mit Bremsscheibe nach DIN 535.

Anordnung den Vorzug, da das Drehmoment der Motorwelle am kleinsten ist und die Bremse daher am billigsten ausfällt.

Die am meisten angewendete elastische Kupplung, (Abb. 60) entspricht in ihrer Bauart der Scheibenkupplung und ist dadurch elastisch gemacht, daß auf den an der einen Kupplungshälfte sitzenden Schrauben eine Anzahl Lederscheiben sitzen,

Zahlentafel 5. Bremsscheiben für Hebemaschinen. DIN 535. Konstruktionsblatt (Abb. 59).
Abmessungen in mm.

Durch-messer D	Boh-rung d	Breite b			Durch-messer D	Boh-rung d	Breite b		
		schmal	mittel	breit			schmal	mittel	breit
200	25	70	—	—	(800)	80	160	—	—
	30	70	—	—		90	160	210	—
	40	70	—	—		100	160	210	260
200	30	70	—	—		110	—	210	260
	40	70	—	—		(120)	—	—	260
	50	70	—	—		125	—	—	260
300	40	90	—	—	900	90	160	—	—
	50	90	—	—		100	160	210	—
	60	90	—	—		110	160	210	260
(350)	40	90	—	—		(120)	—	210	260
	50	90	120	—		125	—	210	260
	60	90	120	—		(130)	—	210	260
	70	—	120	—		140	—	—	260
400	50	90	—	—	1200	100	160	—	—
	60	90	120	—		110	160	210	—
	70	90	120	—		(120)	160	210	260
	80	—	120	—		125	160	210	260
(450)	50	90	—	—		(130)	160	210	260
	60	90	120	—		140	—	210	260
	70	90	120	—		(150)	—	—	260
	80	—	120	—	1500	110	160	—	—
500	60	120	—	—		(120)	160	210	—
	70	120	160	—		125	160	210	—
	80	120	160	—		(130)	160	210	260
	90	—	160	—		140	—	210	260
(600)	70	120	—	—		(150)	—	210	260
	80	120	160	—		160	—	—	260
	90	120	160	—						
	100	—	160	—						
700	70	120	—	—						
	80	120	160	—						
	90	120	160	210						
	100	—	160	210						
	110	—	—	210						

Die eingeklammerten Durchmesser und Bohrungen sind möglichst zu vermeiden.
Keilnuten nach DIN 141.
Fehlende Maße sind freie Konstruktionsmaße.

die in entsprechende Bohrungen der anderen Kupplungshälfte eingreifen. Der Motor kann daher ohne Lösen der Bolzenschrauben mit dem Triebwerk verbunden oder von ihm gelöst werden.

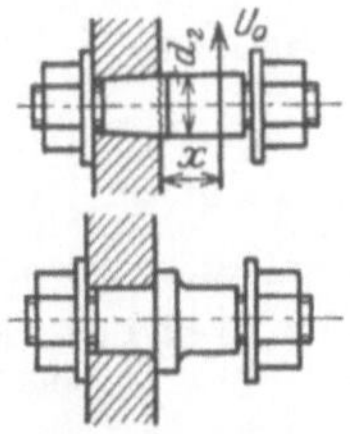

Werkstoff der (allseitig bearbeiteten) Kupplungsflanschen: Gußeisen.

Zahl der Schrauben: $z = 4$, 6 oder 8. Werkstoff: Stahl (St 37·11).

Befestigung der Schrauben am besten mit kegeligem Ansatz (Abb. 62). Ausführung mit Bund (Abb. 63) ist teurer.

Die Schraubenbolzen sind an den Einspannstellen mit dem Moment (Abb. 62)

Abb. 62 und 63.
Bolzen zu den elastischen Kupplungen.

$$M = \frac{M_d}{R_3 \cdot z} \cdot x = U_0 \cdot x \ldots \text{kgcm} \qquad (35)$$

auf Biegung zu berechnen. Hierbei bezeichnen M_d das von der Kupplung zu übertragende größte Drehmoment in kgcm, R_3 den Teilkreishalbmesser der Schrauben,

U_0 die Biegekraft in kg und x deren Abstand von der Einspannstelle in cm. Zulässige Biegebeanspruchung: $\sigma_{zul} \approx 300$ bis $600\ \mathrm{kg/cm^2}$. Zulässiger Flächendruck zwischen Bolzen und Lederscheiben (Abb. 60)

$$\sigma = \frac{U_0}{d_4 \cdot c} \leq 10 \text{ bis } 20\ \mathrm{kg/cm^2}. \qquad (36)$$

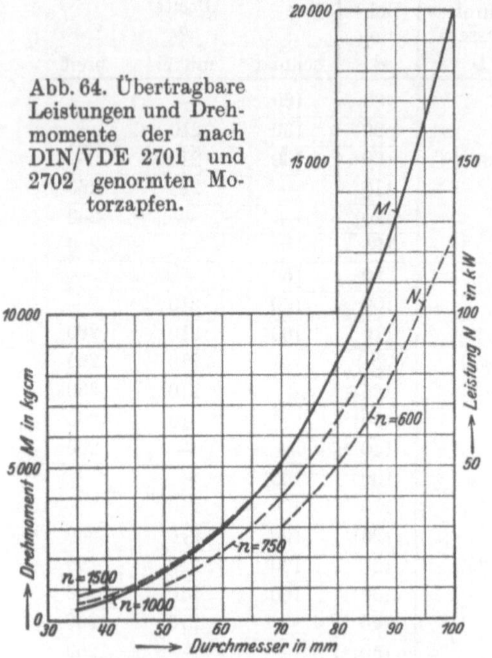

Ausführung der Schraubenmuttern als Kronenmuttern.

Zahlentafel 6 gibt die Abmessungen der elastischen Kupplungen von 200 bis 500 mm Scheibendurchmesser. Die Scheibenbreiten sind die gleichen wie die mittleren Bremsscheibenbreiten nach DIN 535. Die Kupplungen werden in zwei Bauarten ausgeführt. Bauart A (Abb. 60) ist die übliche mit zwei gleich großen Scheiben. Bei Bauart B (Abb. 61) hat die eine Scheibe den normalen Durchmesser, die andere, auf der die Bremse angeordnet wird, ist im Durchmesser größer und trägt den Forderungen der doppelten Backenbremsen (und Bandbremsen) Rechnung. Ihre Abmessungen (Scheibendurchmesser und -breite) sind nach dem DIN-Blatt 535 (Zahlentafel 5) gewählt.

Abb. 64. Übertragbare Leistungen und Drehmomente der nach DIN/VDE 2701 und 2702 genormten Motorzapfen.

Die Bohrungen der auf der Motorwelle sitzenden Kupplungsflanschen entsprechen den genormten Motorzapfen nach DIN/VDE 2701 und 2702. Diese sind bis 45 mm ⌀ zylindrisch, über 45 mm kegelig. Die von den Drehstrom-Kranmotoren mit den Nenndrehzahlen 1500, 1000, 750 und 600 und den normalen Wellenstümpfen übertragbaren Nennleistungen bei 25 vH ED und die ihnen entsprechenden Drehmomente sind auf Abb. 64 zeichnerisch dargestellt.

Diese Drehmomente sind auf Zahlentafel 6 aufgerundet und stellen die von den Kupplungen übertragbaren größten Drehmomente dar.

Abb. 65 und 66 geben die Gewichte und Trägheitsmomente der elastischen Kupplungen auf Zahlentafel 6 für Bauart A und B.

Wegen ihrer hohen Umlaufzahl ($n = 600$ bis 1500) und in Rücksicht auf ruhigen Gang empfiehlt es sich, die Kupplungen auszuwuchten. Auch sind sie möglichst leicht zu bauen, da sie sonst zu große Massenwirkung haben.

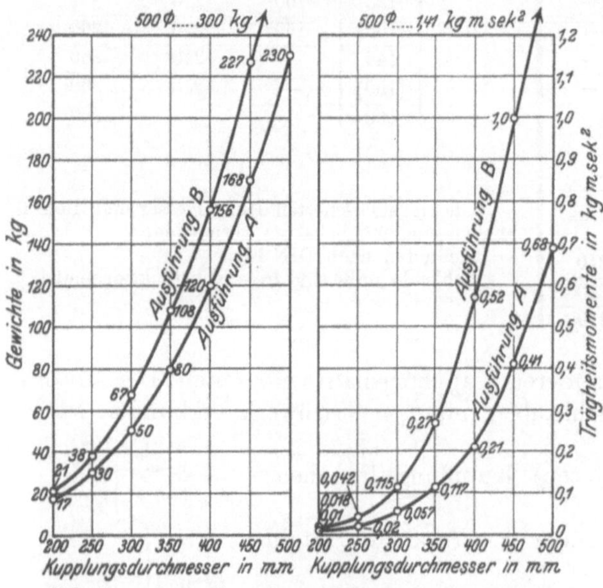

Abb. 65 und 66. Gewichte und Trägheitsmomente der elastischen Kupplungen.

3. Bremsbacken.

Hölzerne Bremsbacken werden durch Schrauben an dem aus zwei Flacheisen bestehenden Bremshebel befestigt (Abb. 67).

Zahlentafel 6. Elastische Kupplungen für Bohrungen von 40 bis 100 mm.
Ausführung A (Abb. 60); Ausführung B (Abb. 61).

Nr.	d^1 mm	M^3 kgcm	Abmessungen in mm														
			D_1	b_1	D_2	l	D_3	d_1	z	d_2	d_3	a	d_4	c	e	D	b
2	40^2	750	200	70	80	120	135	$^5/_8$	4	20	40	5	45	25	52	250	70
$2^1/_2$	50	1500	250	70	95	120	165	$^5/_8$	4	20	45	6	50	35	70	300	90
3	60	3000	300	90	110	140	195	$^3/_4$	4	25	50	8	55	40	85	400	120
$3^1/_2$	70	5500	350	90	130	170	230	$^7/_8$	4	32	55	8	60	45	100	500	120
4	80	8500	400	90	150	185	265	$^7/_8$	4	32	60	8	65	50	115	600	120
$4^1/_2$	90	13000	450	120	170	200	300	$^7/_8$	6	32	65	10	70	55	125	600	160
5	100	20000	500	120	190	200	340	1	6	35	70	12	80	60	140	700	160

Holzart: Weißbuche oder Pappelholz.

Zentriwinkel der Anlagefläche $\alpha = 50$ bis 70^0, im Mittel 60^0.

Die Backenbreiten entsprechen den normalen Bremsschreibenbreiten nach DIN 535:

Scheibenbreite:	$b =$	—	70	90	120	160	210	260 mm
Bremsbackenbreite:	$b_0 =$	50	60	80	100	150	200	250 „

In Rücksicht auf günstigere Reibungsverhältnisse und geringeren Verschleiß werden die Backen in neuerer Zeit mit Ferodofibre (Abb. 68) oder Jurid bewehrt. Ferodofibre (s. auch S. 18) wird in Stärken von 4, 5, 6, 7, 8, 10, 12 und 16 mm und in Breiten von 30 bis 250 mm, steigend um je 5 mm geliefert. Das Material wird in kaltem Zustande auf die erforderliche Länge mittels der Säge zugeschnitten. Es wird dann bis auf 100^0 erwärmt, der zylindrischen Backenfläche genau angepaßt und dann mit der Backe verleimt und verschraubt. Der

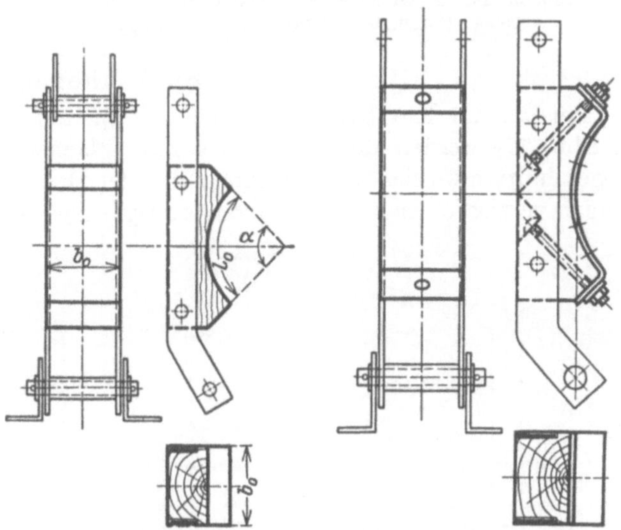

Abb. 67.
Hölzerne Bremsbacke.

Abb. 68. Hölzerne Bremsbacke mit Ferodobelag.

an der Scheibe anliegende Teil des Ferodobelages wird an der Holzbacke abwechselnd mit Holzstiften und gut versenkten Metallschrauben befestigt. Wesentlich für die Befestigung ist, daß der Belag satt an der Bremsbacke anliegt.

Gußeiserne Bremsbacken mit Ferodobelag (Abb. 69 und 70) haben den Vorzug, daß sie die Reibungswärme schneller ableiten, haben jedoch den Nachteil, daß sie teurer in der Herstellung als hölzerne sind. Die Befestigung des Belages durch gut versenkte Nieten oder Schrauben ist bei ihnen leichter und sicherer ausführbar (Abb. 69). Die gußeisernen Bremsbacken werden — im Gegensatz zu den hölzernen — nicht starr, sondern gelenkig am Bremshebel angeordnet. Beim Lüften der Bremse verhindert eine Stellschraube das Schleifen der Backe an der umlaufenden Scheibe.

Die Fertigung der gußeisernen Bremsbacken wird dadurch vereinfacht, daß man mehrere Bremsbacken (z. B. sechs auf Abb. 71) gemeinsam abgießt. Das Gußstück

---

wird dann auf einen Innendurchmesser $D + 2\,s_0 =$ Scheibendurchmesser plus 2 mal Stärke des Ferodobelages ausgedreht. Es wird dann auseinandergeschnitten und die einzelnen Klötze werden mit dem Ferodobelag versehen.

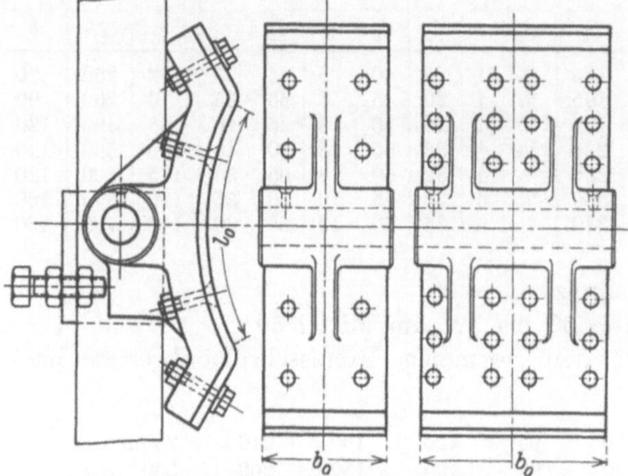

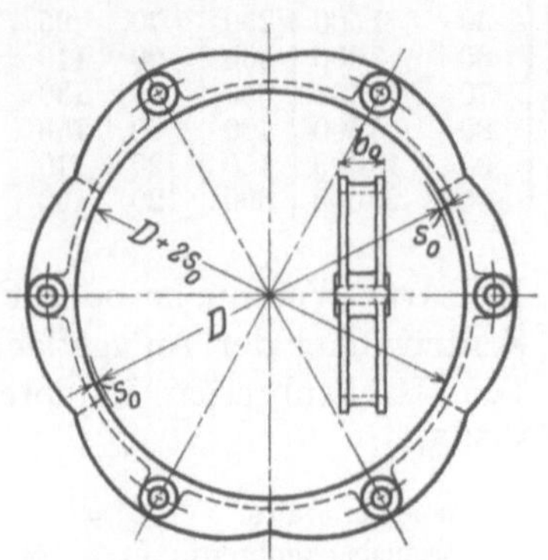

Abb. 69 und 70. Gußeiserne Bremsbacken mit Ferodobelag. (Schmale und breite Ausführung.)

Abb. 71. Gemeinsamer Abguß mehrerer Bremsbacken.

4. Backenhebel.

Bei den im Kranbau verwendeten doppelten Backenbremsen (normale Bauart s. Abb. 72) werden die Hebel aus zwei Flacheisen gebildet, die auf fixe Länge abgeschnitten werden. Auf das Abrunden der Hebelenden oder das Anschmieden von Augen verzichtet man der billigeren Fertigung wegen.

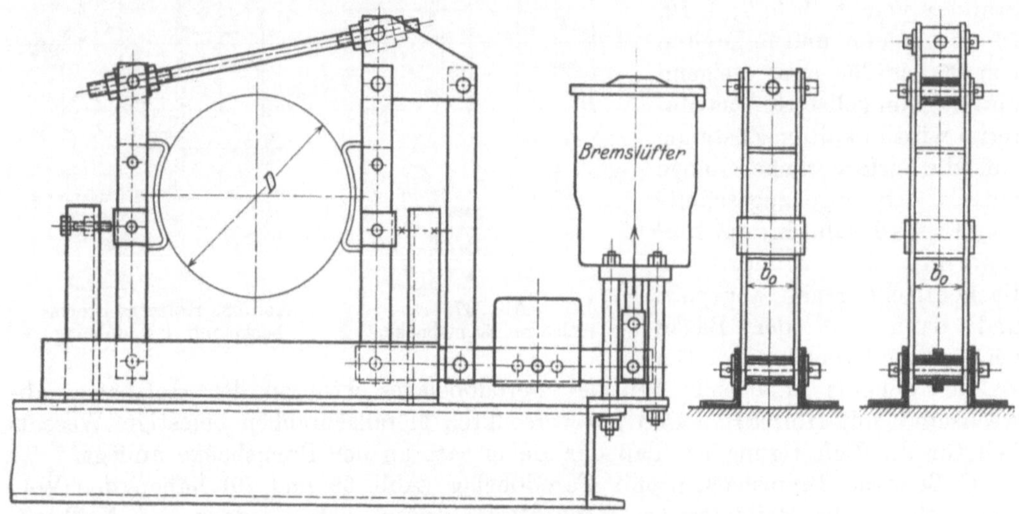

Abb. 72. Gestaltung der doppelten Backenbremse. (Normale Bauart.)

Die Backenhebel sind auf Biegung beansprucht. Bei Anwendung einer gußeisernen Bremsbacke, die gelenkig am Hebel angeordnet ist (Abb. 69 und 70), ist das größte Biegemoment (Abb. 73)

$$\max M = S_1' \cdot (a_2 - a_1) = N \cdot \frac{a_1}{a_2} \cdot (a_2 - a_1) \cdots \text{kgcm}. \tag{37}$$

Biegebeanspruchung (ohne Berücksichtigung der Lochschwächung):

$$\sigma \approx \frac{\max M}{2\,b \cdot \dfrac{s^2}{6}} \cdots \text{kg/cm}^2. \tag{38}$$

Bei hölzernen Bremsbacken, die nach Art von Abb. 67 bzw. 68 befestigt sind, ist das Biegemoment etwas kleiner, da die Backe ihrer Länge nach am Hebel anliegt.

Die zulässige Biegebeanspruchung wird für Stahl (St 37·12) in Rücksicht auf Bremsstöße und je nach Größe der Bremse zu $\sigma_{zul} \approx 400$ bis 600 kg/cm² angenommen.

Bei großen Bremsen mit entsprechend hohem Backendruck sind Flacheisen nicht mehr ausreichend, da sie zu breit ausfallen. Man stellt dann die Backenhebel aus zwei ⊏-Eisen her. Gußeiserne Backenhebel haben ⊏-, T- oder I-förmigen Querschnitt (Abb. 91, S. 38) und werden hauptsächlich im Aufzugbau, seltener im Kranbau verwendet. Sie sind erheblich teurer als die Flacheisenhebel, haben jedoch den Vorzug, daß die Bolzen in ihren Löchern eine größere Anlagefläche haben und sich, auch nach längerer Betriebszeit, nicht so leicht lockern. Zulässige Biegebeanspruchung für Gußeisen $\sigma_{zul} = 100$ bis 200 kg/cm².

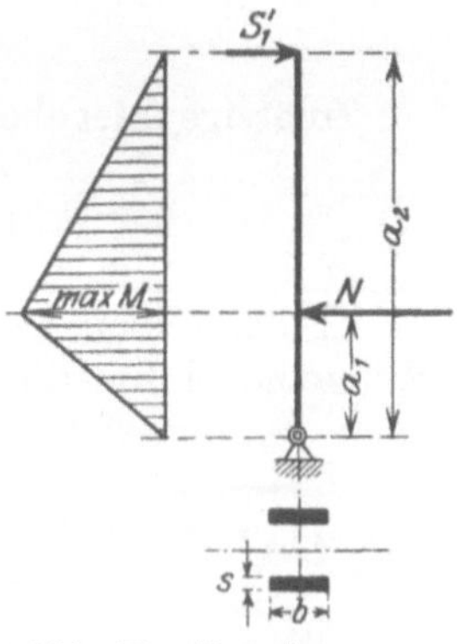

Abb. 73. Berechnung der Backenhebel.

5. Nachstellbare Zugstange.

Sie greift am oberen Ende des einen Backenhebels und am kleinen Hebelarm des Winkelhebels (Abb. 72) an und wird aus Rundeisen hergestellt.

Abb. 74 und 75 zeigen die beiden meist angewendeten Ausführungsarten, und zwar Abb. 74 mit zwei Querstücken und Abb. 75 mit einem Querstück und einem angeschmiedeten Auge. Die Ausführung Abb. 74 ist die billigere und wird daher am meisten angewendet.

Besteht der Winkelhebel statt aus zwei Blechen aus einem oder ist er wie auf Abb. 93, S. 39 aus Stahlguß gefertigt, so erhält das eine Zugstangenende eine Gabel. Abb. 76 zeigt eine Ausführung mit zwei Augen und mit Spannschloß.

Die Stange wird im Kernquerschnitt des Gewindes auf Zug gerechnet. Zugkraft (Abb. 38, S. 19): $S_1 = \dfrac{S_1'}{\cos \alpha} = \dfrac{K}{\cos \alpha}$, wobei α den Neigungswinkel

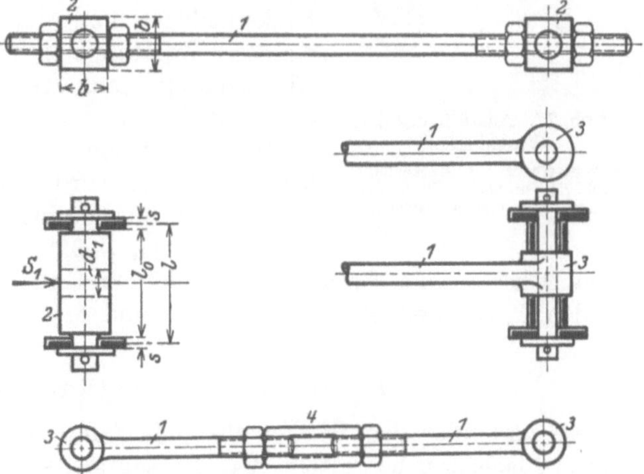

Abb. 74 bis 76. Ausführung der nachstellbaren Zugstange.
1 Rundeisenstange, *2* Querstück (Traverse), *3* angeschmiedetes Auge, *4* Spannschloß (mit Rechts- und Linksgewinde).

der Stange zur Wagerechten bedeutet. Berechnung von K nach S. 15. Zulässige Zugbeanspruchung (St 37·11): $\sigma_{zul} \approx 300$ bis 600 kg/cm². Die niedrige Zugbeanspruchung ist bei kleineren Bremsen gerechtfertigt, da ein etwaiger Materialfehler bei kleinerem Kerndurchmesser schädlicher als bei größerem ist. Der Flächendruck im Gewinde soll den üblichen zulässigen Wert nicht überschreiten. Im allgemeinen sind Muttern mit normaler Höhe ausreichend. Das Querstück (Abb. 74) wird aus Vierkanteisen (Quadrateisen) gefertigt. Es ist durch die Stangenkraft $S_1 \approx S_1'$ (Abb. 38) auf Biegung beansprucht.

Größtes Biegemoment (Abb. 74, Grundriß):

$$\max M = S_1 \cdot \frac{l}{4} = S_1 \cdot \frac{l_0 + s}{4} \cdots \text{kgcm}. \tag{39}$$

Widerstandsmoment des Querschnittes (Abb. 74):

$$W = (b - d_1) \cdot \frac{b^2}{6} \cdots \mathrm{cm^3}. \qquad (40)$$

Zulässige Biegebeanspruchung wie unter 4.

6. Winkelhebel (Abb. 72).

Er hat seinen Drehpunkt am oberen Ende des einen Backenhebels. Damit der Winkelhebel für die Gestängeübersetzung nutzbar gemacht ist, wird der Hebelarm an der nachstellbaren Zugstange kleiner gemacht als der, an dem die senkrechte Zugstange angreift.

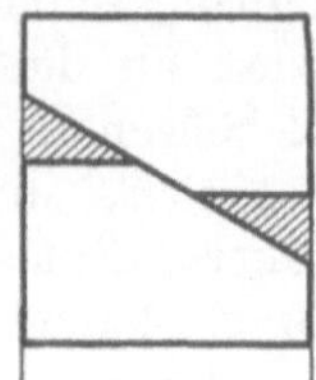

Abb. 78. Schnittskizze der Winkelhebelbleche.

Die Winkelhebel werden in einfacher Weise aus zwei schräg abgeschnittenen Blechstücken gebildet (Abb. 77). Blechstärke je nach Größe der Bremse: 6 bis 20 mm. Das Zuschneiden der Bleche soll in Rücksicht auf möglichst geringen Abfall geschehen (Abb. 78).

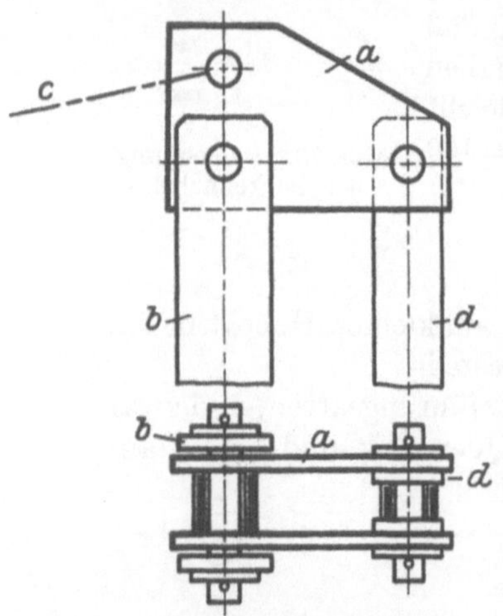

Abb. 77. Ausführung der Winkelhebel.

a Winkelhebel, *b* Backenhebel (Abb. 72), *c* nachstellbare Zugstange, *d* senkrechte Zugstange.

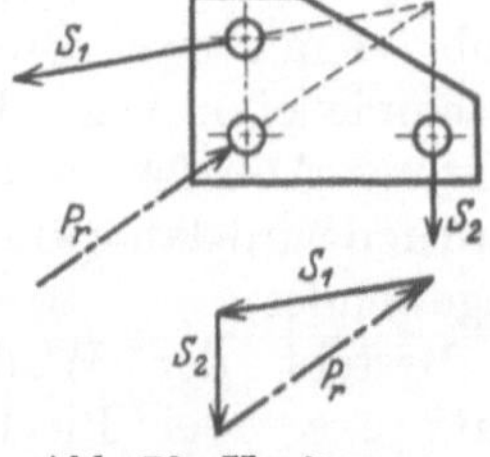

Abb. 79. Kräfte am Winkelhebel-Drehbolzen.

Die Entfernung der beiden Winkelhebelbleche unter sich und gegen die beiden Flacheisen des Backenhebels bzw. der senkrechten Zugstange wird durch Distanzstücke aus Gasrohr gewahrt (Abb. 77).

Mitunter, insbesondere bei größeren Bremsen, wird der Winkelhebel auch aus Stahlguß hergestellt (Abb. 93, S. 39).

Der Druck auf den Bolzen, um den der Winkelhebel drehbar, ist gleich der Resultierenden P_r aus den Stangenkräften S_1 und S_2 (Abb. 79).

7. Senkrechte Zugstange (Abb. 72).

Diese verbindet den Winkelhebel mit dem wagerechten Bremshebel und wird aus zwei Flacheisen hergestellt. Um ein sanftes, stoßfreies Anziehen der Bremse zu ermöglichen, wird die senkrechte Zugstange gelegentlich auch federnd ausgeführt. (Abb. 94, S. 40).

8. Bremshebel.

Bei der meist üblichen Ausführung (Abb. 72) hat er mit dem einen Backenhebel gemeinsamen Drehpunkt und ist in der Regel durch ein Gewicht, seltener durch Federkraft belastet. Je nach dem Verwendungszweck der Bremse und der Bauart des Hebezeuges wird er durch einen Bremslüfter (Magnet oder Motor), von Hand oder durch Druckluft gelüftet. Ist die Bremse (z. B. eine Drehwerkbremse) nahe dem Führerstand angeordnet, so wird sie auch durch einen Fußhebel betätigt. Das Anziehen der Bremse durch einen am Bremshebel angreifenden Seilzug kommt mitunter bei Laufkran-Fahrwerken in Frage.

Der Bremshebel wird aus einem (Abb. 72) oder aus zwei Flacheisen gebildet und auf Biegung gerechnet.

9. Bremsgewicht.

Es wird aus Gußeisen hergestellt und erhält quadratische oder runde Form (Abb. 80a bzw. 80b). Das Bremsgewicht sitzt entweder unmittelbar auf dem Bremshebel und wird auf diesem durch eine Schraube oder zwei Schrauben festgestellt (Abb. 72 bzw. 80), oder es ist am Bremshebel gelenkig aufgehängt (Abb. 81).

Bezeichnet G_1 das auszuführende Bremsgewicht (s. S. 19) und wird das Einheitsgewicht für Gußeisen mit 7,25 kg/dm³ angenommen, so ist das erforderliche Volumen des Gewichtes:

$$V = \frac{G_1}{7,25} \cdots \text{dm}^3. \tag{41}$$

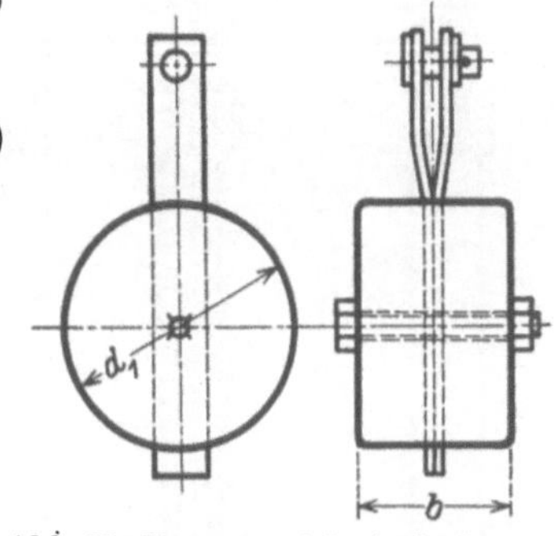

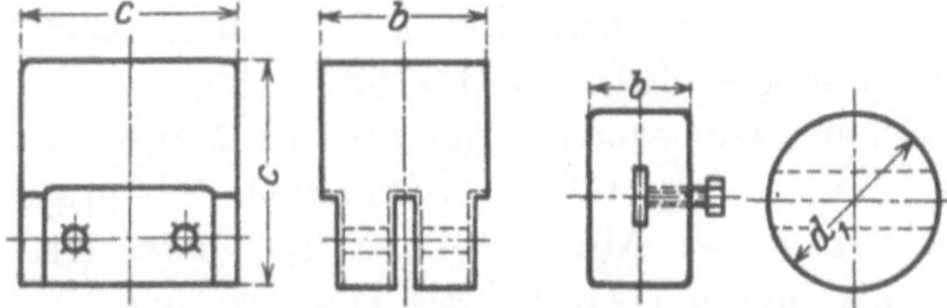

Abb. 80a und 80b. Quadratisches bzw. rundes Bremsgewicht.

Abb. 81. Bremsgewicht (gelenkig am Bremshebel angeordnet).

Nach Annahme der Breite b des Gewichtes kann die Seitenlänge c des quadratischen Gewichtes bzw. der Durchmesser d_1 des runden Gewichtes bestimmt werden.

Die Gewichtsminderung durch die Aussparung für den Bremshebel kann als belanglos vernachlässigt werden.

Damit der Abstand des Gewichtes vom Hebeldrehpunkt und damit auch die Bremskraft einstellbar sind, erhält der Bremshebel zwei oder drei Bohrungen für die Befestigungsschraube (Abb. 72).

Bei den durch Druckluft gesteuerten Bremsen Abb. 174 und Abb. 175, S. 84 und 85 ist der Abstand des Bremsgewichtes unveränderlich und das Bremsgewicht wird zwecks Einstellbarkeit aus mehreren runden, aufeinander setzbaren Scheiben gebildet.

10. Anschluß des Bremslüfters.

Der zum Lüften der Bremse dienende Magnet wird fast allgemein ziehend angeordnet (z. B. Abb. 72). Wegen des Bremshebelausschlages darf die Zugstange des

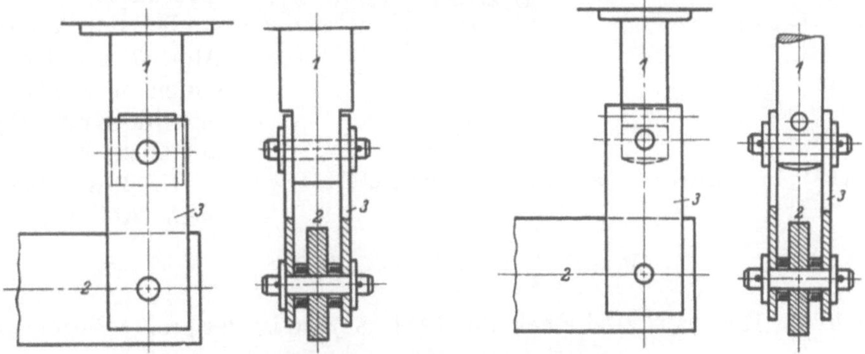

Abb. 82 und 83. Anschluß des Magnetbremslüfters am Bremshebel.
1 Kernstange, 2 Bremshebel, 3 Gelenklasche.

Magnetbremslüfters nicht unmittelbar am Bremshebel angreifen. (Siehe auch S. 23: Magnetbremslüfter.)

Man sieht daher zwischen der Kernstange 1 und dem Bremshebel 2 eine Gelenklasche 3 (Abb. 82 und 83) vor oder der Anschlußbolzen des Magneten erhält im

3*

Bremshebel ein Langloch. Die Ausführung mit der Gelenklasche ist jedoch die
bessere und wird daher allgemein angewendet.

Magnetbremslüfter für Gleichstrom haben am unteren Ende der Kernstange
eine Bohrung für den Anschluß an den Bremshebel (Abb. 82). Da bei ihnen der
Magnetkern drehbar ist, so lassen sich diese Bremslüfter in beliebiger Stellung
(um die Magnetachse gedreht) befestigen.

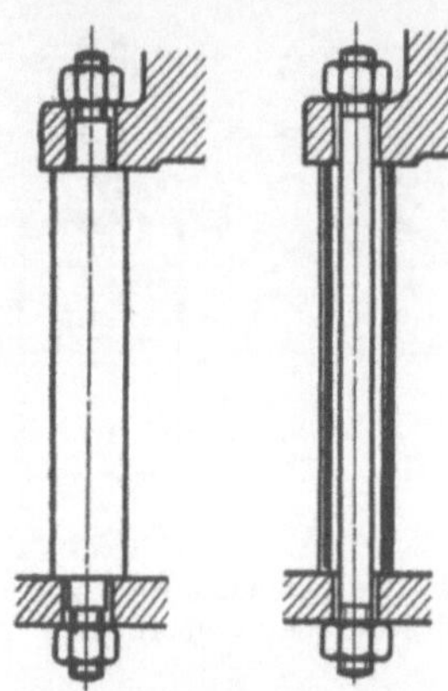

Bei den Drehstrom-Magnetbremslüftern ist die Kernstange nicht drehbar und hat für den Anschluß zwei um
90° zueinander gesetzte Bohrungen (Abb. 83). Diese Bremslüfter können daher nur in zwei entsprechenden Stellungen auf den Hebezeugen befestigt werden.

Motorbremslüfter werden stets durch ein Gelenkstück
an den Bremshebel angeschlossen (Abb. 92, S. 39).

Die Magnet-Bremslüfter werden, da an den Magneten
keine seitlichen Kräfte auftreten, vermittels Distanzschrauben nach Art von Abb. 84 oder 85 befestigt.
Die Ausführung mit einem Gasrohr als Distanzstück ist
billiger und daher vorzuziehen.

An Stelle der vier Distanzschrauben sieht man auch
einen Untersatz aus Profileisen ([-Eisen) vor.

Abb. 84 und 85. Befestigung
der Magnetbremslüfter.

Befestigung eines Motorbremslüfters siehe Abb. 92, S. 39.

11. Bolzen.

Die Bolzen der Bremsgestänge werden nicht mehr wie früher mit Bund (Abb. 86)
hergestellt. Sie werden allgemein aus blank gezogenem Rundstahl gefertigt und erhalten beiderseits Unterlegscheibe und Splint
(Abb. 87).

Werkstoff der Bolzen: Stahl (St 42·11).

Die Bolzen werden
auf Biegung und zulässigen Flächendruck
gerechnet.

Bei der Anordnung
Abb. 87 ist der Hebel
ein einfaches Flacheisen
und die Kraft P greift
auf Mitte Bolzen an.

Größtes Biegemoment (Abb. 87):

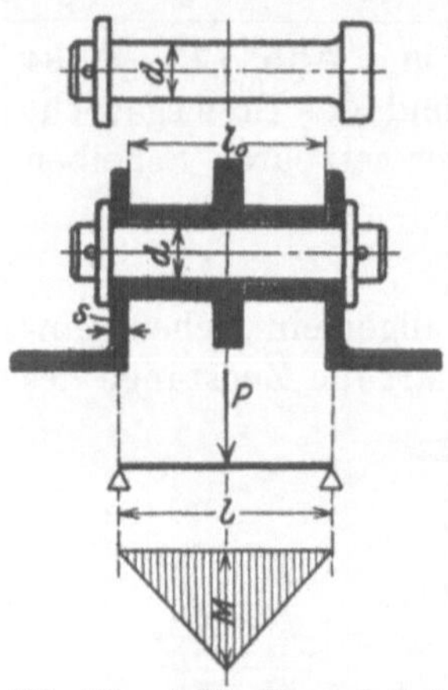

Abb. 86 und 87. Bremshebelbolzen.

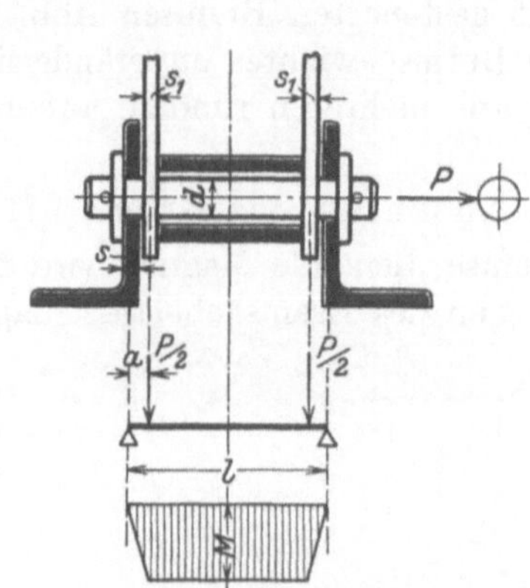

Abb. 88. Bolzen für Hebel aus zwei
Flacheisen.

$$M = P \cdot \frac{l}{4} = P \cdot \frac{l_0 + s}{4} \cdots \text{kgcm} . \tag{42}$$

Besteht der Hebel aus zwei Flacheisen (Abb. 88), so ist das größte Biegemoment:

$$M = \frac{P}{2} \cdot a \approx P \frac{s + s_1}{4} \cdots \text{kgcm} . \tag{43}$$

Zulässige Biegebeanspruchung (in Rücksicht auf Stöße): $\sigma_{zul} = 300$ bis 500 kg/cm^2
Flächendruck:

$$\sigma = \frac{P}{2\,s\,d} \cdots \text{kg/cm}^2 . \tag{44}$$

Zulässig: $\sigma = 600$ bis 800 kg/cm^2.

Einbau- und Ausführungsbeispiele.

Beim Einbau der doppelten Backenbremse (Abb. 72) ist ein genaues Einstellen des vorgeschriebenen Lüftweges der beiden Bremsbacken erforderlich. Zu diesem Zweck werden Stellschrauben vorgesehen, die nach Einstellen der Bremse durch eine Mutter angezogen werden.

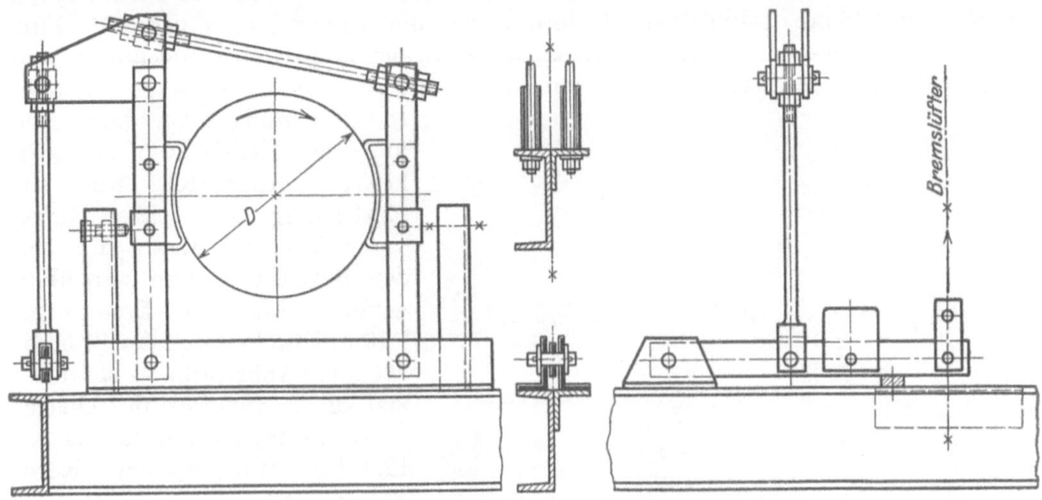

Abb. 89. Gestaltung der doppelten Backenbremse (Bremshebel parallel zur Wellenachse).

Damit bei stromlosem Magnetbremslüfter zwischen Gehäuse und Anker noch einige Millimeter Spielraum (etwa 3 bis 5 mm) vorhanden sind, ist es zweckmäßig, am Hebezeugunterteil einen Klotz (oder ein ∟-Eisen) anzubringen, auf den sich der

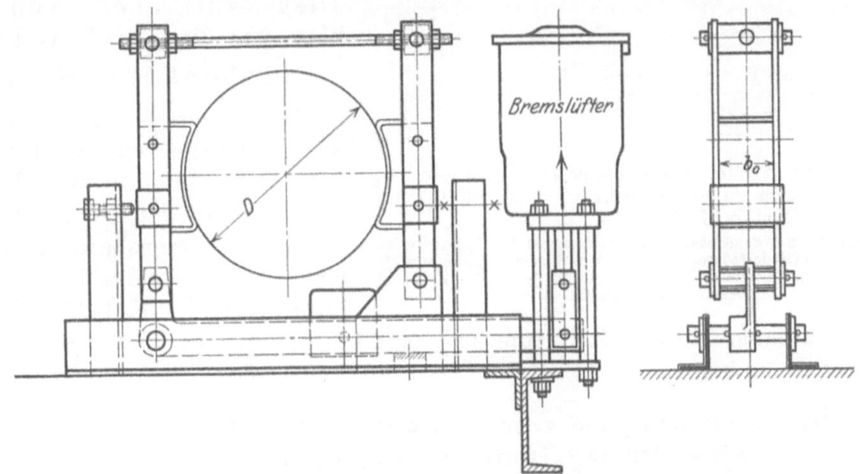

Abb. 90. Kurzbauende doppelte Backenbremse (Demag, A.-G., Duisburg).

Bremshebel auflegt und dessen Höhe der Größe des Spielraumes entsprechend eingestellt wird (Abb. 89).

In vielen Fällen, hauptsächlich bei Hub- und Katzenfahrwerken, läßt sich die normale gewichtbelastete, elektromagnetisch gelüftete, doppelte Backenbremse (Abb. 72) nicht einbauen, da ihr Bremshebel zu lang ist und am Katzengestell übersteht. Man führt dann die Bremse nach Art von Abb. 89 aus und ordnet den Bremshebel um 90⁰ versetzt an, oder man wendet die kurz bauende Bremse Abb. 90 an (nach dem Schema Abb. 40, S. 20).

Die Abb. 91 bis 94 geben noch einige Ausführungen von doppelten Backenbremsen, die besonderen Verwendungszwecken Rechnung tragen.

1. Federbelastete, elektromagnetisch gelüftete doppelte Backenbremse für Aufzüge (Abb. 91).

Die Backenhebel haben einen gemeinsamen festen Drehpunkt und werden durch zwei nachstellbare zylindrische Federn gegen die Bremsscheibe gepreßt. Zum Lüften der Bremse dient ein Keilstück, das zwischen zwei Rollen angeordnet und mit dem Anker des Magnetbremslüfters verbunden ist. Erhält der Magnet Strom, so wird sein Anker angezogen und das Keilstück nach oben bewegt. Hierdurch wird die Entfernung der beiden Rollen vergrößert, die Kraft der beiden Belastungsfedern wird überwunden und die Bremse gelüftet. Durchmesser der Bremse: 200 mm. Abbremsbares Moment: 800 kgcm. Zugkraft des Gleichstrom-Magnetbremslüfters[1]: 12,5 kg. Hub: 5,0 cm. Kerngewicht: 1,3 kg.

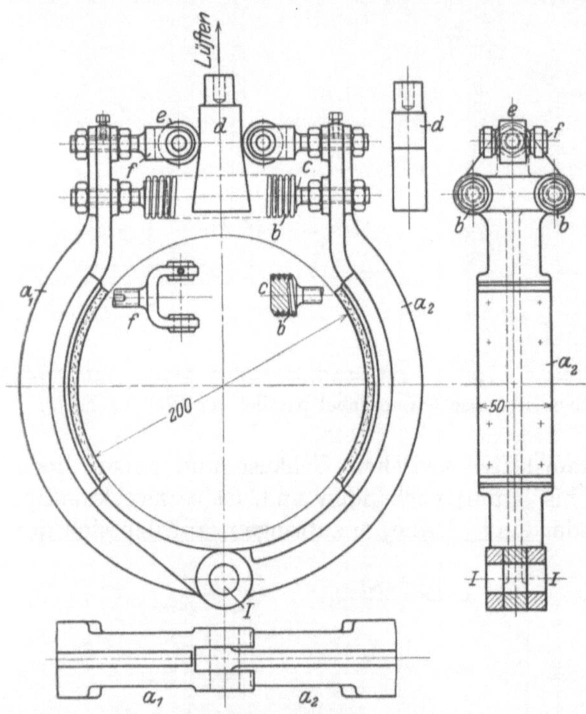

Abb. 91. Federbelastete, elektromagnetisch gelüftete doppelte Backenbremse zu einem Aufzug. (Jul. Wolff & Co., G. m. b. H., Heilbronn a/N.)

a_1–a_2 Backenhebel mit gemeinsamem Drehbolzen bei I, b Zylinderfedern, c Befestigung der Zylinderfedern, d Keilstück mit dem Magnetbremslüfter verbunden, e Rollen, in Gabeln f gelagert und an den Seitenflächen des Keilstückes anliegend.

2. Doppelte Backenbremse zum Hilfshubwerk eines elektrisch betriebenen Gieß-Laufkranes von 80 bzw. 20 t Tragkraft und 18 m Spannweite (Abb. 92).

Die Bremse ist durch ein Gewicht belastet und wird durch einen Motorbremslüfter gelüftet. Durchmesser der Bremsscheibe: 500 mm; abbremsbares Moment: 6000 kgcm; Type des Motorbremslüfters (SSW): K 3832-54; relative Einschaltdauer: 40 vH ED; Hubarbeit: 640 kgcm; mittlere Hubhöhe: 95 mm; Bremsgewicht: 38 kg.

3. Doppelte Backenbremse zum Hubwerk der Führerstandslaufkatze eines Demag-Doppelkranes (Abb. 93).

Die Bremse ist durch ein Gewicht belastet und wird beim Heben durch einen Magnetbremslüfter und beim Senken durch einen Handhebel vom Führerstand ausgelüftet. Stromart: Drehstrom; Type des Magnetbremslüfters (SSW): K 239 III; Hubarbeit: 200 kgcm; Hub: 5,0 cm; Kerngewicht: 13,5 kg.

4. Drehwerkbremse zu einem Hafendrehkran von 2,5 t Tragkraft und 15 m Ausladung (Abb. 94).

Die Bremse wird durch ein Gewicht gelüftet und durch einen Fußhebel angezogen. Bei Außerbetriebsetzen des Kranes wird die Bremse fest angezogen und vermittels

---

[1] AEG.

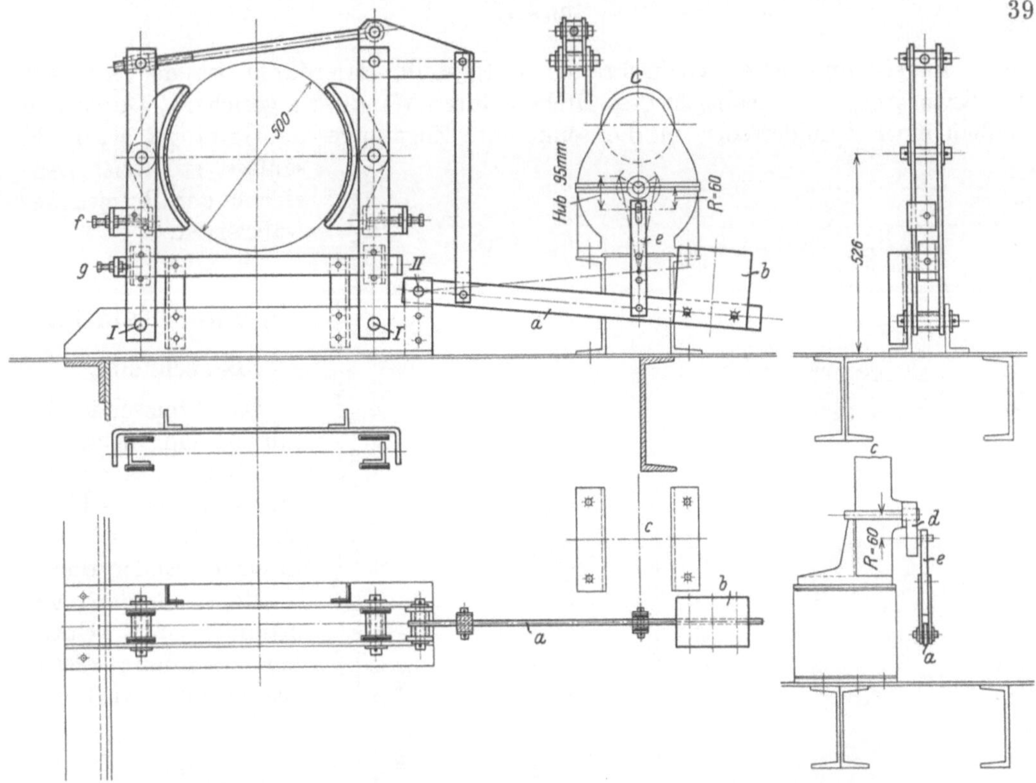

Abb. 92. Doppelte Backenbremse mit Motorbremslüfter. [Kampnagel (Eisenwerk vorm. Nagel & Kämp) A.-G. Hamburg].

I—I feste Drehpunkte der Backenhebel, *II* fester Drehpunkt des Bremshebels *a*, *b* Belastungsgewicht zum Bremshebel, *c* Motorbremslüfter, *d* Kurbel zu *c*, *e* Gelenkstück *a* und *d* verbindend, *f—g* Stellschrauben.

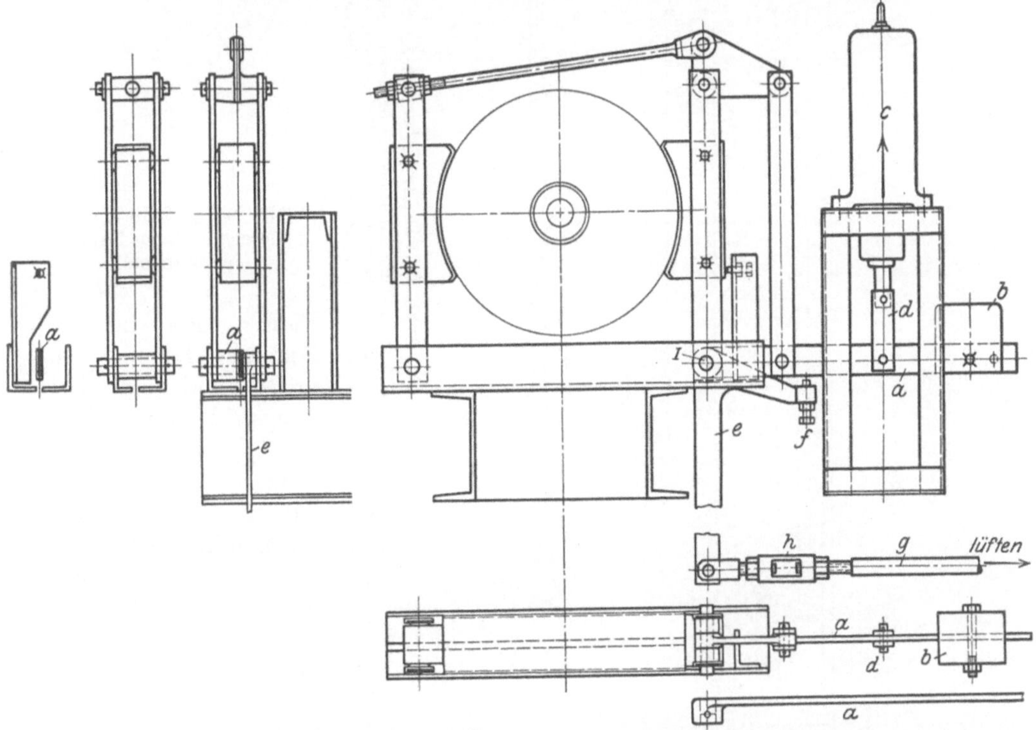

Abb. 93. Gewichtbelastete, elektromagnetisch und von Hand lüftbare, doppelte Backenbremse von 500 mm Scheibendurchmesser.

a Bremshebel auf dem drehbaren Bolzen *I* verstiftet, *b* Bremsgewicht, *c* Magnetbremslüfter, *d* Anschluß von *c* an *a*, *e* Winkelhebel zu dem vom Führerhaus aus von Hand bedienten Lüftgestänge, ebenfalls auf dem Drehbolzen *I* verstiftet, *f* Schraube, beim Lüften den Bremshebel anhebend, *g* Gestänge, *h* Spannschloß zum Nachstellen von *g*.

40 Bremsen.

eines Bügels und einer Griffschraube festgestellt. Hierdurch ist der Ausleger des Kranes gegen unbeabsichtigtes Drehen durch Windkraft gesichert. Durch den Einbau einer Zylinderfeder in die senkrechte Zugstange des Gestänges wird ein sanftes stoßfreies Anziehen der Bremse gewährleistet.

b) Bandbremsen.

Berechnung.

Das bremsende Organ ist ein biegsames Stahlband, das um die Bremsscheibe geschlungen ist (Abb. 95) und an beiden Enden durch Kräfte S_1 und S_2 gespannt wird. Unter dem Einfluß dieser Spannkräfte wird das

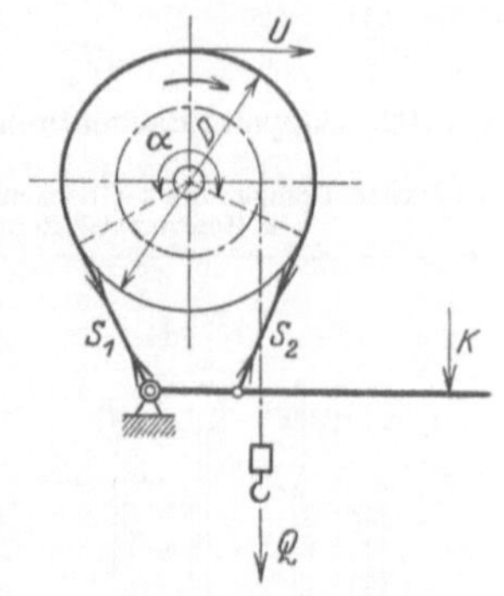

Abb. 95. Bandbremse. (Berechnung der Bandspannungen.)

Band gegen die umlaufende Scheibe gepreßt und ein Reibungswiderstand erzeugt, der so weit gesteigert werden kann, daß die Scheibe zum Stillstand gebracht wird. Da die am Umfang der Scheibe wirkende Reibung das Band im Umlaufsinne mitzunehmen sucht, so muß $S_1 > S_2$ sein.

[1] Bauart J. v. Petravič, Wien.

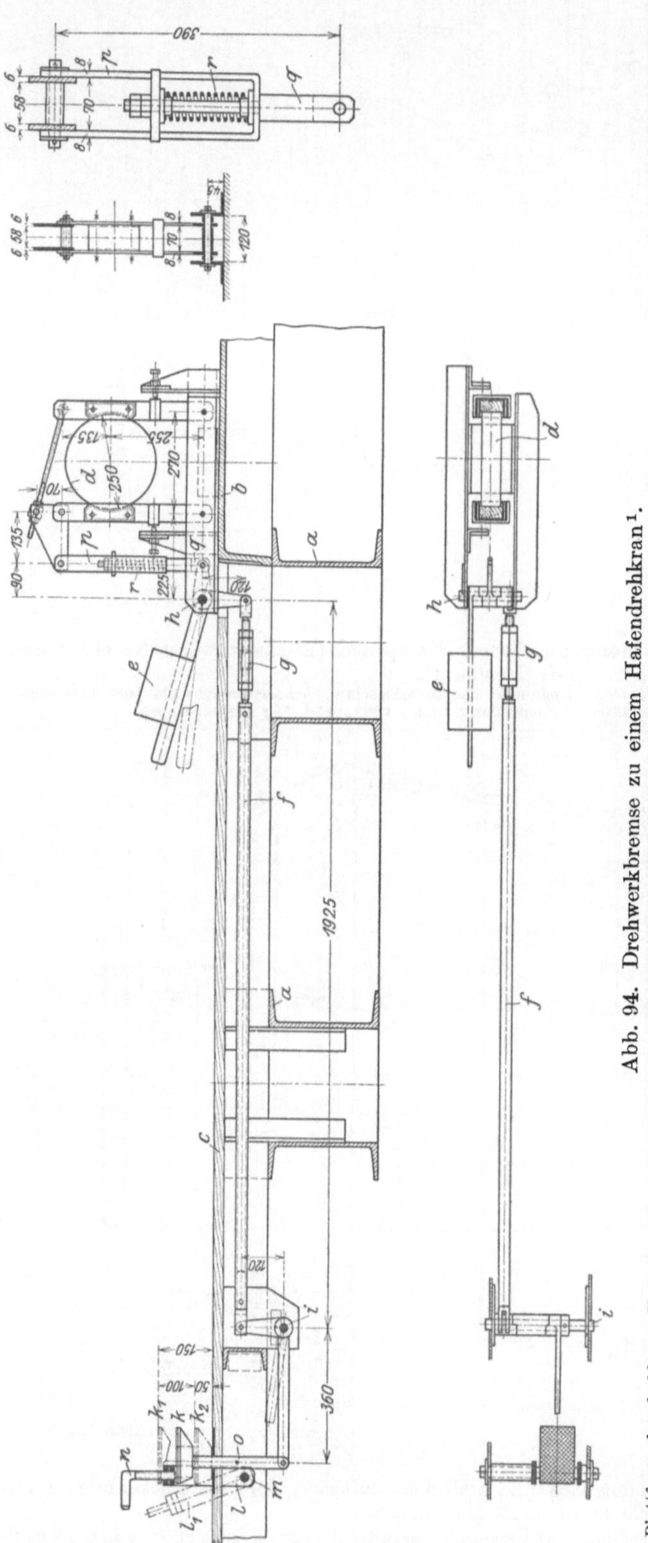

Abb. 94. Drehwerkbremse zu einem Hafendrehkran[1].

a Plattform des drehbaren Kranoberteils, b Grundplatte, auf der das Hub- und Drehwerk aufgebaut, c Holzbelag der Plattform, d Bremsscheibe, e Gewicht, die Bremse lüftend, f Bremsgestänge mit Spannschloß q, h—i feste Drehpunkte zum Bremsgestänge, k Fußtritt zum Anziehen der Bremse, l Bügel, zum Bolzen m umklappbar, n Schraube zum Anziehen der Bremse bei Nichtbenutzung des Kranes, o Stift zur Begrenzung der Höchststellung von k, p—q Federndes Zuggestänge, r Zylinderfeder zu p—q.

Für Stillstand der Scheibe ist:

$$W_r = S_1 - S_2 \geqq U \ldots \text{kg}. \tag{45}$$

Bedeuten mit Bezug auf Abb. 95 α den Umspannungswinkel im Bogenmaß, μ die Reibungszahl zwischen Band und Scheibe und $e \approx 2{,}718$ die Grundzahl der natürlichen Logarithmen, so besteht zwischen den beiden Bandspannungen die bekannte Beziehung[1]:

$$S_1 : S_2 = e^{\mu\alpha}. \tag{46}$$

Durch Einsetzen von $S_1 = S_2 \cdot e^{\mu\alpha}$ bzw. $S_2 = S_1 : e^{\mu\alpha}$ in Gl. (45) wird der Reibungswiderstand:

$$W_r = S_1 \frac{e^{\mu\alpha} - 1}{e^{\mu\alpha}} = S_2 \cdot (e^{\mu\alpha} - 1) \ldots \text{kg}. \tag{47}$$

Reibungsmoment der Bremse:

$$M_r = W_r \cdot R = (S_1 - S_2) \cdot R = S_1 R \cdot \frac{e^{\mu\alpha} - 1}{e^{\mu\alpha}} = S_2 R \cdot (e^{\mu\alpha} - 1) \ldots \text{kgcm}. \tag{48}$$

Wird in Gl. (47) für W_r die abzubremsende Umfangskraft eingesetzt, so sind die Bandspannkräfte:

$$S_1 = \frac{U e^{\mu\alpha}}{e^{\mu\alpha} - 1} \quad \text{und} \quad S_2 = \frac{U}{e^{\mu\alpha} - 1} \cdots \text{kg}. \tag{49}$$

Der Umspannungswinkel α liegt bei den üblichen Anordnungen der Bandbremsen zwischen 180^0 und 270^0, im Bogenmaß ausgedrückt zwischen π und $1{,}5\,\pi$; bei den Schlingbandbremsen (s. S. 46) ist das Band in etwa 1¾ Umschlingungen um die Scheibe gelegt und es ist dann $\alpha^0 = 630^0$ bzw. $\alpha = 1{,}75 \cdot 2\,\pi$.

Die Reibungszahl μ kann für ein einfaches glattes Stahlband auf bearbeiteter Bremsscheibe gesetzt werden:

Bei trockener Bremsfläche . . . . $\mu \approx 0{,}15$ bis $0{,}20$.
„ mäßig gefetteter Bremsfläche . $\mu \approx 0{,}10$ „ $0{,}15$.

Bei gleichen Bandspannkräften und gleichem Umspannungsbogen wird der Reibungswiderstand dadurch gesteigert, daß man das Bremsband mit Holz, Leder, Ferodofibre oder Jurid (s. S. 18) bewehrt.

Für diese Bewehrstoffe und für gußeiserne oder Stahlgußscheiben werden der Bremsberechnung folgende Reibungszahlen zugrunde gelegt:

Bei trockener Bremsfläche . . . . $\mu \approx 0{,}3$ bis $0{,}5$.
„ mäßig gefetteter Bremsfläche . $\mu \approx 0{,}2$ „ $0{,}3$.

Um eine zu starke Abnützung der Bandbewehrung zu vermeiden, rechnet man stets mit mäßig gefetteten Bremsflächen. Die Unsicherheit der Reibungszahl wird dadurch berücksichtigt, daß man bei der Berechnung

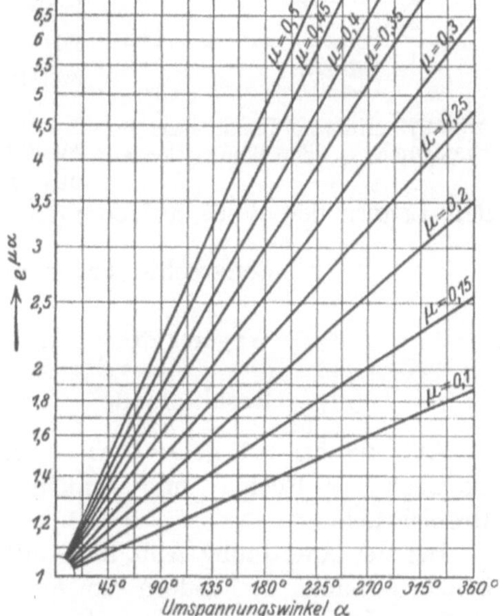

Abb. 96. $e^{\mu\alpha}$-Werte für Umspannungswinkel von 0^0 bis 360^0 und Reibungszahlen $\mu = 0{,}1$ bis $0{,}5$.

der Bremsen einen den Betriebsverhältnissen Rechnung tragenden Sicherheitsgrad zugrunde legt (s. S. 18).

Die Werte $e^{\mu\alpha}$ können für verschiedene Reibungszahlen und Umspannungswinkel zwischen 0^0 und 360^0 der zeichnerischen Darstellung Abb. 96 entnommen werden.

---

[1] Ableitung siehe Dubbel: Taschenbuch für den Maschinenbau Bd. 1 und Freytag: Hilfsbuch für den Maschinenbau.

Die verschiedenen Bauarten von Bandbremsen unterscheiden sich hinsichtlich der Anordnung des Bandes am Bremshebel und hinsichtlich der Umlaufrichtung der Scheibe.

1. Einfache Bandbremse (Abb. 97).

Bei dieser greift die größere Bandspannkraft S_1 am Drehpunkt I des Bremshebels oder an einem besonderen festen Punkt (Abb. 98) an. Auf den Bremshebel wirkt daher nur die kleinere Bandkraft S_2 mit dem Moment $S_2 \cdot a$ ein.

Bremskraft bzw. Bremsgewicht. Aus der auf den Bremshebeldrehpunkt bezogenen Momentengleichung

$$K \cdot l - S_2 \cdot a = 0 \tag{50}$$

und unter Einsetzen des Wertes S_2 aus Gl. (49) werden für Rechtsdrehsinn der Scheibe:

$$K \text{ bzw. } G = S_2 \cdot \frac{a}{l} = U \cdot \frac{a}{l} \cdot \frac{1}{e^{\mu\alpha} - 1} \cdots \text{kg.} \tag{51}$$

Läuft die Bremse in entgegengesetztem Sinne um, so vertauschen sich die Bandkräfte S_1 und S_2 und die erforderliche Bremskraft wird um das $e^{\mu\alpha}$fache größer.

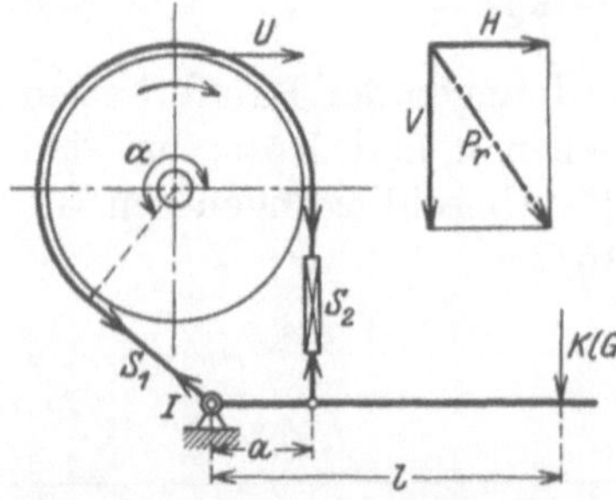

Abb. 97. Einfache Bandbremse für Handwinden. (Berechnungsskizze.)

Die Hebelübersetzung $i = a : l$ liegt bei den meisten Ausführungen zwischen $1 : 3$ und $1 : 6$ und ist bis zu $1 : 10$ ausführbar.

Die Bandkraft S_2 soll möglichst unter einem Winkel von 90^0 am Bremshebel angreifen (Abb. 97). Ist dies wie in Abb. 95 nicht der Fall, so ist für den Hebelarm a stets der senkrechte Abstand vom Bremshebeldrehpunkt auf die Richtung von S_2 einzusetzen.

Lagerkräfte (Abb. 97). Durch die auf die Bremsscheibe einwirkenden Bandspannkräfte wird ein Querdruck auf die Bremswelle ausgeübt, der von den Lagern der Welle aufgenommen werden muß.

$$
\left.
\begin{aligned}
\text{Senkrechte Lagerkraft}[1]: \quad V &= (S_1 + S_2) \cdot \sin \tfrac{\alpha}{2}\,; \\
\text{Wagerechte} \quad\;\; \text{,,} \qquad H &= (S_1 - S_2) \cdot \cos \tfrac{\alpha}{2}\,; \\
\text{Resultierende} \quad \text{,,} \qquad P_r &= \sqrt{V^2 + H^2}.
\end{aligned}
\right\} \tag{52}
$$

Abb. 98 bis 101 geben noch verschiedene Anordnungen von einfachen Bandbremsen für Rechts- und Linksumlauf, sowie für unten und oben liegenden Bremshebel.

Bei der Anordnung Abb. 98 greift das auflaufende Bandende nicht am Bremshebeldrehpunkt I, sondern an einem besonderen, am Windengestell befestigten Bolzen II an. Vorzug dieser Anordnung: Größerer Umspannungsbogen.

Abb. 99 gibt die gleiche Anordnung, nur für entgegengesetzten Drehsinn.

Abb. 100 und 101 zeigen noch zwei Anordnungen, bei denen der Bremshebel oberhalb der Scheibe liegt und die Bremskraft abwärts wirkt.

Lüftweg. Der radial gemessene Lüftweg (Abb. 102) wird je nach Größe der Bremse zu $\lambda = 0{,}1$ bis $0{,}3$ cm angenommen. Bei bewehrten Bremsbändern wird ein gleichmäßiges Lüften auf den ganzen umspannten Umfang dadurch erzwungen, daß man über dem Bremsband einen am Windengestell befestigten Flacheisenbügel mit mehreren Stellschrauben anordnet (Abb. 135 und 136, S. 56).

---

[1] Löffler: Mechanische Triebwerke und Bremsen.

Die dem radialen Lüftweg λ entsprechenden Lüftwege am Bremshebel (Abb. 102) werden in einfacher Weise erhalten zu:

Am Bremsband:

$$h_0 = [(D + 2\lambda) \cdot \pi - D\pi] \cdot \frac{\alpha}{2\pi} = \lambda \cdot \alpha \ldots \text{cm}. \tag{53}$$

Am Angriff der Bremskraft K bzw. dem Belastungsgewicht G einer Sperradbremse (Abb. 141, S. 58):

$$h = \lambda \cdot \alpha \cdot \frac{l}{a} \cdots \text{cm}. \tag{54}$$

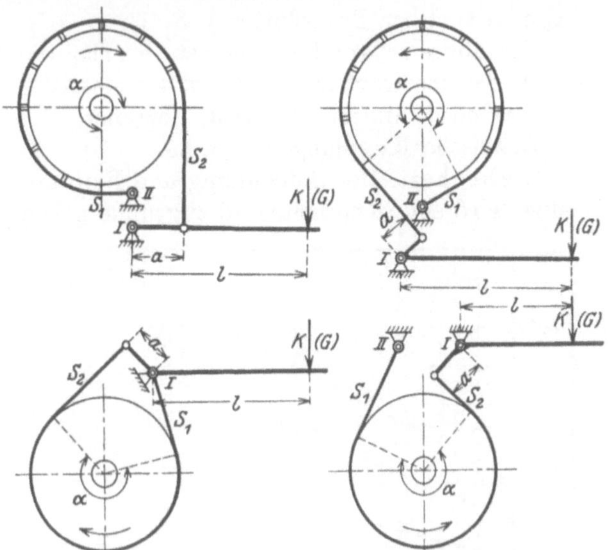

Abb. 98 bis 101.   Bauarten der einfachen Bandbremse.
(Für Rechts- und Linksumlauf.)

Die Stärke des Bremsbandes und eines etwaigen Belages sind für die Lüftwegberechnung ohne Einfluß, da sie, in Gl. 53 eingesetzt, herausfallen.

Die einfache Bandbremse wird nur als Hubwerkbremse verwendet. Für Fahr- und Drehwerke ist sie ungeeignet, da ihre Bremswirkung in beiden Umlaufrichtungen der Scheibe verschieden groß ist. Gegenüber der doppelten Backenbremse hat sie den Vorzug einer größeren Bremsfläche. Auch zieht sie sanfter und stoßfreier an als diese.

α) **Bandbremsen für Handwinden und Hubwerke.** Bei den Handwinden sitzt die Bremse mit dem Sperrad auf der gleichen Welle. Die Bremse dient zum Lasthalten bei ausgerückter Sperrklinke und zum Regeln der Geschwindigkeit der niedergehenden Last.

Das der Berechnung zugrunde zu legende Bremsmoment nehme man aus Sicherheitsgründen etwa 25 bis 50 vH größer als das auf die Bremswelle umgerechnete volle Lastmoment.

Für die Bremsen von Handwinden ist meist ein unbewehrtes blankes Stahlband ausreichend, das leicht eingefettet wird. Reibungszahl $\mu \approx 0,15$. Umspannungsbogen $\alpha \approx 0,7 \cdot 2\pi = 252^0$. $e^{\mu\alpha} \approx 2$ (s. Abb. 96).

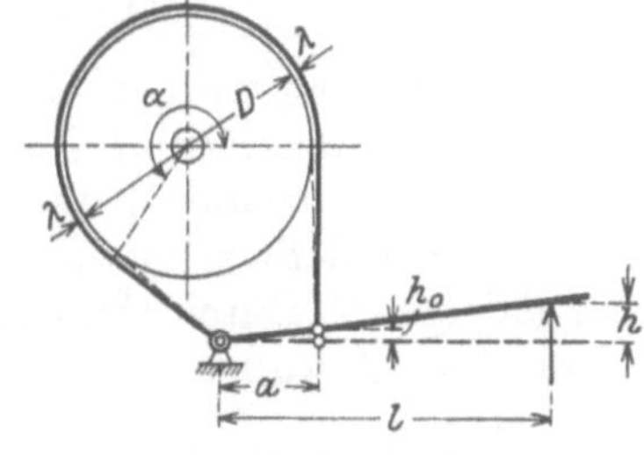

Abb. 102.   Einfache Bandbremse
(Lüftweg).

Bremsscheibendurchmesser: $D = 200$ bis 500 mm, meist 300 bis 400 mm.

Handkraft am Bremshebel: $K \approx 10$ bis 20 kg.

Übersetzung am Bremshebel: $i = a : l = 1 : 4$ bis $1 : 6$, im Mittel $1 : 5$.

Abbremsbares Moment:

$$M = K \cdot \frac{l}{a} \cdot (e^{\mu\alpha} - 1) \cdot R \ldots \text{kgcm}. \tag{55}$$

Für Bremsen mit 200 bis 500 mm Durchmesser, Handkräfte $K = 5, 10, 15$ und 20 kg, $l : a = 5$ und $e^{\mu\alpha} \approx 2$ (unbewehrtes Band) sind die abbremsbaren Momente auf Abb. 103 zeichnerisch dargestellt.

Für bewehrte Bremsbänder mit $\mu = 0,25$ und $e^{\mu\alpha} \approx 3$ sind die abbremsbaren Momente etwa doppelt so groß. Das größte mit einer Scheibe von 500 mm $\varnothing$ abbremsbare Moment ist alsdann ~ 5000 kgcm.

Ist ein Sicherheitszuschlag von 25 bzw. 50 vH gefordert, so multipliziere man das auf die Bremswelle umgerechnete Lastmoment mit 1,25 bzw. 1,50, nehme diesen Wert auf Abb. 103 und findet, dem gewünschten K entsprechend die Größe der Bremsscheibe.

β) **Bandbremsen für elektrische Winden und Hubwerke.** Sie sind durch ein Gewicht *1* belastet und werden durch einen Magnet- oder Motorbremslüfter *2* gelüftet (Abb. 104). Über Bremslüfter s. S. 23.

Die abbremsbare Leistung ist, ebenso wie bei den doppelten Backenbremsen, durch die übertragbare Leistung der elastischen Kupplung, auf deren Umfang die Bremse meist angeordnet wird, begrenzt.

Elastische Kupplungen s. S. 28.

Sicherheit. Der Berechnung und Bemessung der Bremsen für elektrische Hebezeuge wird ein Sicherheitsgrad zugrunde gelegt, der der Betriebsart des Hebezeuges und dem Verhältnis von Totlast zu Nutzlast Rechnung trägt. Siehe S. 17: „Backenbremsen".

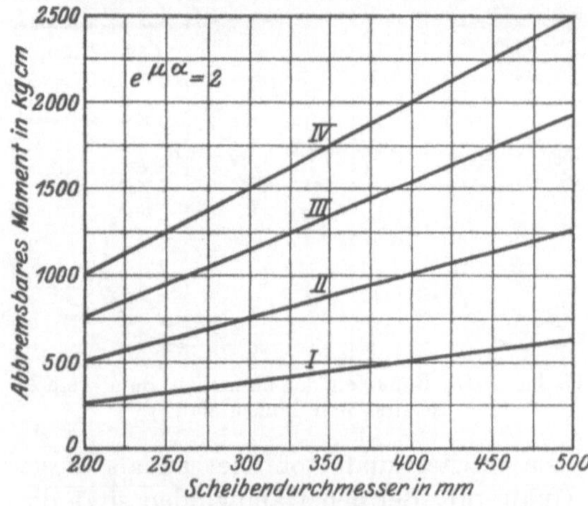

Abb. 103. Abbremsbare Momente der Bandbremsen für Handwinden.
I bis *IV* Handkräfte am Bremshebel: $K = 5—10—15$ und 20 kg.

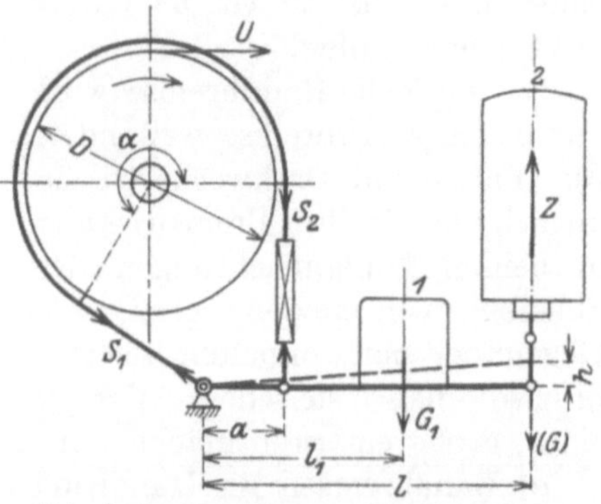

Abb. 104. Bandbremse für elektrische Hubwerke (Berechnungsskizze).

Bandbelag und Reibungszahl. Für elektrische Hebezeuge kommen nur bewehrte Bremsbänder in Frage. Als Bandbelag werden Holzklötze (aus Pappelholz), Leder und in neuerer Zeit meist Ferodofibre oder Jurid verwendet.

Für Ferodofibre (mäßig gefettet) werde die Reibungszahl $\mu \approx 0,3$ bis 0,4 (s. S. 18) angenommen. Durchschnittlicher Umspannungsbogen $\alpha = 0,7 \cdot 360^0 = 252^0 \approx 250^0$. Für $\mu = 0,3$ wird alsdann $e^{\alpha\mu} \approx 3,5$; für $\mu = 0,35 \ldots e^{\mu\alpha} \approx 4,5$ und für $\mu = 0,4 \ldots e^{\mu\alpha} \approx 5,5$.

Bandkräfte (Abb. 104). Die mit diesen $e^{\mu\alpha}$-Werten nach (Gl. 49) berechneten Bandspannkräfte sind:

$$S_2 = \frac{U}{2,5}, \qquad \frac{U}{3,5} \quad \text{und} \quad \frac{U}{4,5};$$

$$S_1 = 3,5\,S_2, \quad 4,5\,S_2 \quad ,, \quad 5,5\,S_2.$$

Erforderliche Zugkraft des Bremslüfters. Bezeichnet $\mathfrak{S}$ den nach S. 17 angenommenen Sicherheitsgrad, so ist die erforderliche Zugkraft bzw. das an ihrer Stelle gedachte entgegengesetzt wirkende erforderliche Bremsgewicht (Abb. 104)

$$Z_{\text{erf}} = (G) = \mathfrak{S} \cdot \frac{1}{\eta} S_2 \cdot \frac{a}{l} \cdots \text{kg}. \tag{56}$$

Der Wirkungsgrad der einfachen Bandbremse ist bedeutend besser als der der doppelten Backenbremse, was auf die geringere Anzahl Gelenke der Bandbremse zurückzuführen ist. Während die doppelte Backenbremse in ihrer üblichen Ausführung (Abb. 37, S. 19) mit dem Magnetanschluß neun Gelenke hat, hat die einfache

Bandbremse nur vier. Der Wirkungsgrad kann daher entsprechend höher, mit $\eta \approx 0,95$ angenommen oder wegen der Unsicherheit der Reibungszahl ganz vernachlässigt werden.

Hebelübersetzung $a : l = 1 : 4$ bis $1 : 6$, im Mittel $1 : 5$.

Lüftweg an der Angriffstelle des Magneten (Abb. 104):

$$h_{\text{erf}} = h_0 \cdot \frac{l}{a} = \lambda \cdot \alpha \cdot \frac{l}{a} \cdots \text{cm}. \tag{57}$$

Radialer Lüftweg: $\lambda = 0,1$ bis $0,3$ cm.

Umspannungsbogen: $\alpha \approx 0,7 \cdot 2\pi = 252^{0}$.

Nunmehr kann der Bremslüfter nach den Angaben S. 22 gewählt werden.

Bremsgewicht. Berechnung des auszuführenden Bremsgewichtes G_1 (Abb. 104) nach den für die doppelte Backenbremse S. 19 gemachten Angaben.

Belastung der Bremse. Der Normaldruck N, mit dem das Band gegen die Scheibe gepreßt wird, ist an der Auflaufstelle des Bandes (Abb. 104) am größten, nimmt mit der Bandspannung ab und ist an der Ablaufstelle am kleinsten.

An einem Bandstreifen von 1 cm Bogenlänge (Abb. 105) und b_0 cm Breite wirken die Bandkräfte S_1 und $S_1 + dS_1$. Setzt man angenähert $S_1 + dS_1 \approx S_1$ und bezeichnet $d\alpha$ den Zentriwinkel des Bogenelementes (im Bogenmaß gemessen), so gelten die Beziehungen (Abb. 106):

$$\frac{d\alpha}{1} = \frac{1}{R}; \qquad \frac{d\alpha}{N} = \frac{1}{S_1}. \tag{58}$$

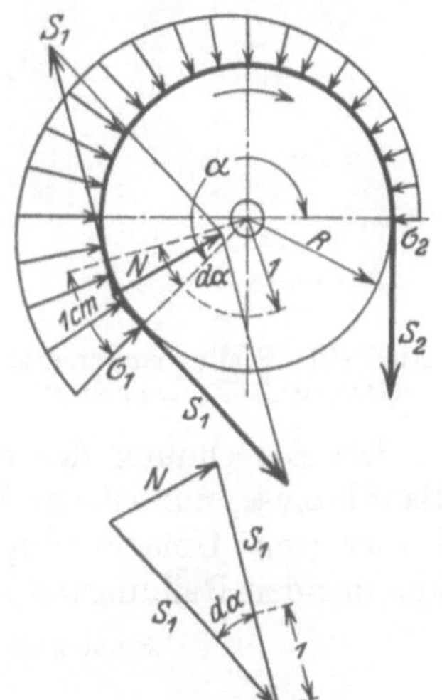

Abb. 105 und 106. Verlauf des Flächendruckes bei der Bandbremse.

Hieraus ergibt sich der Normaldruck für den Einheitsstreifen von 1 cm Länge und b_0 cm Breite zu:

$$N = S_1 \cdot d\alpha = S_1 \cdot \frac{1}{R}. \tag{59}$$

Für die Flächeneinheit von $1\,\text{cm}^2$ ($b_0 = 1\,\text{cm}$) ist dann der größte Flächendruck (Abb. 105):

$$\sigma_{\max} = \sigma_1 = \frac{N_1}{b_0} = \frac{S_1}{R \cdot b_0} \cdots \text{kg/cm}^2. \tag{60}$$

Kleinster Flächendruck:

$$\sigma_{\min} = \sigma_2 = \frac{S_2}{R \cdot b_0} \cdots \text{kg/cm}^2. \tag{61}$$

Mittlerer Flächendruck: $\sigma = \dfrac{\sigma_1 + \sigma_2}{2} \cdots \text{kg/cm}^2$.

Bezeichnet $l_0 = 2\,R\pi \cdot \dfrac{\alpha}{2\pi} \cdots$cm die Aufliegelänge des Bremsbandes, so ist der mittlere Normaldruck:

$$N = b \cdot l_0 \cdot \sigma = \frac{U}{\mu} \cdots \text{kg}. \tag{62}$$

Mit der abzubremsenden Leistung N_{kW} [Gl. (31) S. 20] ist die Umfangskraft:

$$U = \frac{75 \cdot N_{\text{kW}}}{0{,}736 \cdot v} \cdots \text{kg}. \tag{63}$$

Aus

$$b_0 \cdot l_0 \cdot \sigma = \frac{75\,N_{\text{kW}}}{0{,}736 \cdot v \cdot \mu} \tag{64}$$

wird der Belastungswert erhalten zu:

$$\sigma \cdot v = \frac{102 \cdot N_{kw}}{b_0 \cdot l_0 \cdot \mu} \cdots \frac{kg \cdot m}{cm^2 \cdot sek}. \tag{65}$$

Zulässige Werte für $\sigma \cdot v$ bzw. $\sigma \cdot v \cdot \mu$ siehe S. 20 unter Backenbremsen.

2. Schlingbandbremse (Abb. 107).

Das auflaufende Bandende ist, ebenso wie bei der einfachen Bandbremse, am Bremshebeldrehpunkt I oder einem anderen festen Punkt angeordnet, das ablaufende greift am Bremshebel an. Das mit Holzklötzen oder Ferodofibre bewehrte Brems-

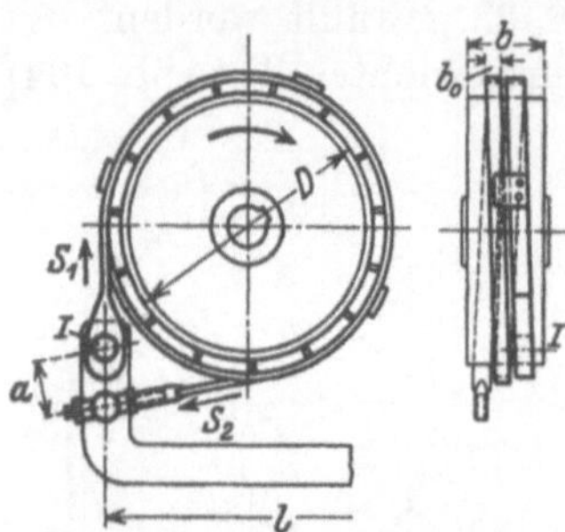

Abb. 107. Schlingbandbremse.
(Demag A.-G., Duisburg).

band ist dagegen bei der Schlingbandbremse schmal gehalten und in etwa 1¾ Windungen schraubenförmig um die Scheibe gelegt. Das Verhältnis der beiden Bandspannkräfte ist daher groß und bei gegebenem Bremsmoment wird die am Bremshebel angreifende Bandkraft bedeutend kleiner als bei der einfachen Bandbremse.

Die Schlingbandbremse dient bei den Greiferhubwerken als Haltebremse für die Entleertrommel (s. S. 90) und ist meist mit einer Bremsbandkupplung (Abb. 182, S. 90) vereinigt. Sie wird entweder durch einen Handhebel oder einen Fußhebel betätigt.

Die Berechnung der Schlingbandbremse ist die gleiche wie die der einfachen Bandbremse, nur ist der Umspannungsbogen mit $\alpha \approx 1,75 \cdot 2 \pi = 630^0$ einzusetzen. Dieser große Umspannungsbogen ergibt für die bei bewehrtem Bremsband in Frage kommenden Reibungszahlen (s. S. 18) entsprechend hohe Werte für $e^{\mu\alpha}$:

Reibungszahl $\mu = 0,20 \quad 0,25 \quad 0,30 \quad 0,35 \quad 0,40 \quad 0,45 \quad 0,50$
$e^{\mu\alpha} = \quad 9 \qquad 15 \qquad 27 \qquad 47 \qquad 80 \qquad 138 \qquad 240$

Die Bandspannkräfte S_1 und S_2 am auflaufenden bzw. ablaufenden Bandende werden nach Gl. (49), S. 41 berechnet. Für die am Bremshebel angreifende Bandkraft S_2 werden auch bei großem Bremsmoment kleine Werte erhalten, was bei der meist in Frage kommenden Betätigung der Bremse von Hand wesentlich ist.

Der Lüftweg des Bremsbandes am Angriffpunkt des Schlingbandes am Bremshebel wird nach Gl. (53), S. 43 berechnet und ist bei dem großen Umspannungswinkel ebenfalls entsprechend groß. Für eine angenommene radiale Lüftung $\lambda = 0,1$ bis 0,3 cm ist er etwa 2,5mal so groß als bei der einfachen Bandbremse.

Die Schlingbandbremsen werden für Scheibendurchmesser von $D = 500$ bis 1500 mm ausgeführt. Bandabmessungen $b_0 \cdot s_0 = 30 \times 8$ bis 60×18 mm.

3. Differentialbremse (Abb. 108 und 109).

Im Gegensatz zur einfachen Bandbremse greift die Spannkraft des ablaufenden Bandendes S_1 nicht am Bremshebeldrehpunkt, sondern an einem Hebelarm a_1 des Bremshebels an. Da die Bandkraft S_1 im Sinne der Bremskraft K wirkt, so wird diese entsprechend vermindert.

Aus der auf den Bremshebeldrehpunkt bezogenen Momentengleichung (Abb. 108)

$$K \cdot l + S_1 \cdot a_1 - S_2 \cdot a_2 = 0 \tag{66}$$

und den Beziehungen $S_1 = e^{\mu\alpha} \cdot S_2$; $S_2 = \dfrac{U}{e^{\mu\alpha} - 1}$ (s. S. 41) werden die Bremskraft bzw. das ihr entsprechende Belastungsgewicht erhalten zu:

$$K \text{ bzw. } G = \frac{S_2 \cdot a_2 - S_1 \cdot a_1}{l} = \frac{U}{l} \cdot \frac{a_2 - e^{\mu\alpha} \cdot a_1}{e^{\mu\alpha} - 1}. \tag{67}$$

Die Bremskraft läßt sich durch das Verhältnis $a_2 : a_1$ beliebig verkleinern. Für $a_2 : a_1 = 0$ wird K negativ bzw. Null. Die Bremse wirkt dann selbsttätig und geht in ein Reibungsgesperre über (s. auch Abb. 27, S. 13). Da sie bei zu kleiner positiver Bremskraft stoßweise arbeitet, so muß $a_2 > e^{\mu\alpha} \cdot a_1$ sein.

Die Größe von a_1 wird zunächst mit den Abmessungen des Bremshebeldrehbolzens und des Bolzens des auflaufenden Bandendes konstruktiv festgelegt. Danach wähle man den Hebelarm der Spannkraft am ablaufenden Bandende zu $a_2 \approx 2{,}5\,a_1$ bis $3{,}0\,a_1$.

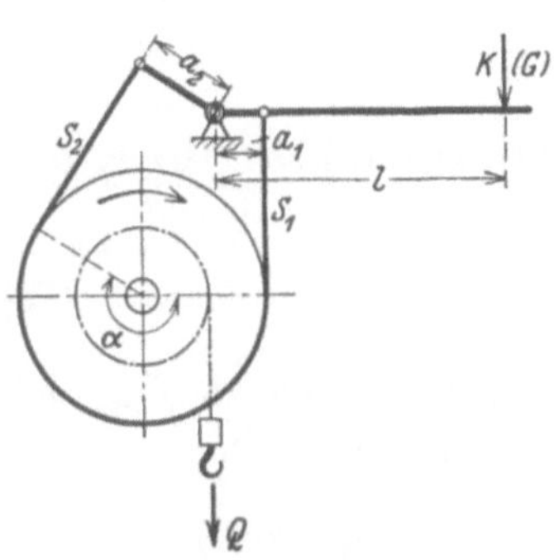

Abb. 108 und 109. Differentialbremsen (Schematische Darstellung).

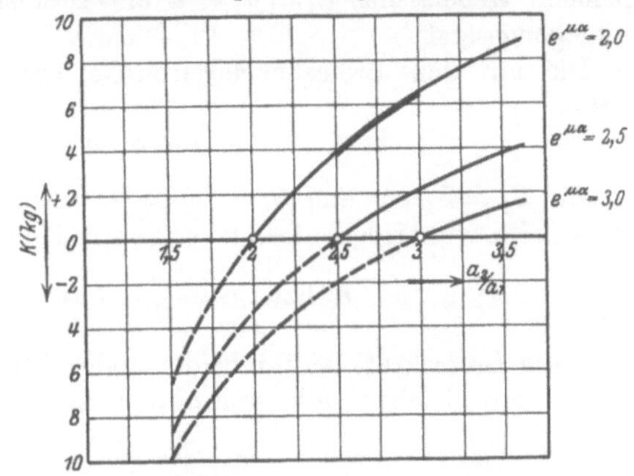

Abb. 110. Handkraft der Differentialbremse in Abhängigkeit vom Hebelverhältnis $a_2 : a_1$.

Bei entgegengesetztem Umlaufsinn der Bremsscheibe vertauschen sich die Bandkräfte S_1 und S_2 und die Bremskraft wird um das $e^{\mu\alpha}$-fache größer.

Abb. 110 gibt eine zeichnerische Darstellung der bei der Differentialbremse erforderlichen Handhebelkraft K in Abhängigkeit vom Hebelverhältnis $a_2 : a_1$, für $U = 100$ kg Umfangskraft, $a_2 : l = 1 : 5$ und für unbewehrtes ($e^{\mu\alpha} = 2$) sowie bewehrtes Bremsband ($e^{\mu\alpha} = 2{,}5$ bzw. 3). Die Darstellung läßt erkennen, daß die Differentialbremse im Vergleich zur einfachen Bandbremse eine sehr kleine Bremskraft erfordert, die leicht ins Negative übergeht. Sie eignet sich daher nur für unbewehrtes Bremsband und wird dann bei Handwinden angewendet. Da die Bandkraft S_1 wegen der Unsicherheit der Reibungszahl μ leicht zu groß wird und die Bremse dann selbsthemmend wirkt (Abb. 110, unterhalb der Abszissenachse), so

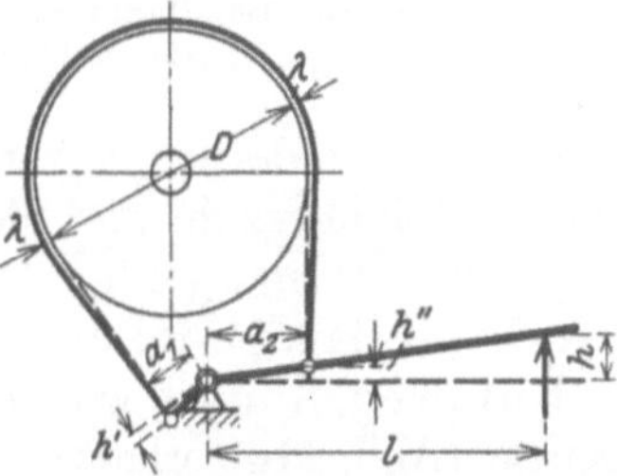

Abb. 111. Differentialbremse (Lüftweg).

zieht man ihr, wenn irgend angängig, die einfache Bandbremse vor.

Lüftweg. Bezeichnen mit Bezug auf Abb. 111 h' und h'' die Ausschläge der Hebelarme a_1 und a_2, so ist der Unterschied dieser Ausschläge

$$h'' - h' = \lambda \cdot \alpha . \tag{68}$$

Aus der Ähnlichkeitsbeziehung

$$\frac{h'}{a_1} = \frac{h''}{a_2} = \frac{h}{l} \tag{69}$$

werden:

$$h' = a_1 \cdot \frac{h}{l} \quad \text{und} \quad h'' = a_2 \cdot \frac{h}{l} . \tag{70}$$

Durch Einsetzen dieser Werte in Gl. (69) wird der Lüftweg am Angriff der Bremskraft:

$$h = \lambda \cdot \alpha \cdot \frac{l}{a_2 - a_1} \cdots \text{cm}. \tag{71}$$

Der sich nach dieser Gleichung ergebende kleine Lüftweg ist ebenfalls ein Grund für die beschränkte Anwendung der Differentialbremse.

4. Bandbremsen für wechselnde Drehrichtung (Summenbremsen).

Bei der Summenbremse (Abb. 112 und 113) greifen beide Bandspannkräfte mit gleichen Hebelarmen $a_1 = a_2 = a$ am Bremshebel an und wirken der Bremskraft entgegengesetzt.

Die auf den Bremshebeldrehpunkt (Abb. 112) bezogene Momentengleichung lautet:

$$K \cdot l - S_1 \cdot a - S_2 \cdot a = 0. \tag{72}$$

Mit $S_1 = S_2 \cdot e^{\mu \alpha}$ und $S_1 - S_2 = U$ (s. S. 41) wird die Bremskraft bzw. das ihr gleichwertige Belastungsgewicht erhalten zu:

$$K \text{ bzw. } G = \frac{a}{l} \cdot (S_1 + S_2) = U \cdot \frac{a}{l} \cdot \frac{e^{\mu \alpha} + 1}{e^{\mu \alpha} - 1}. \tag{73}$$

Diese Bremskraft ist für beide Drehrichtungen der Scheibe die gleiche, da sich nur die am gleichen Hebelarm a wirkenden Bandspannkräfte vertauschen.

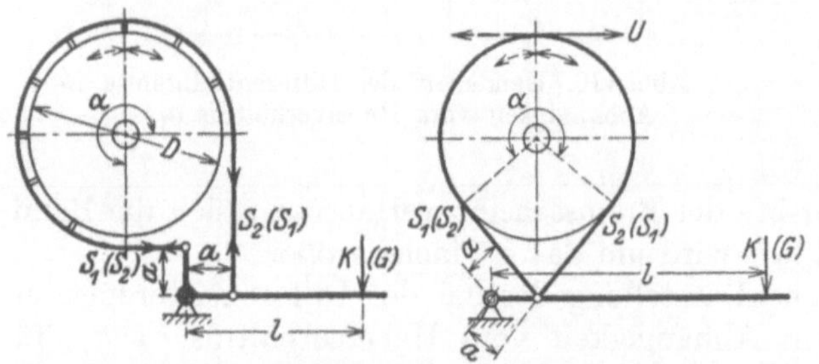
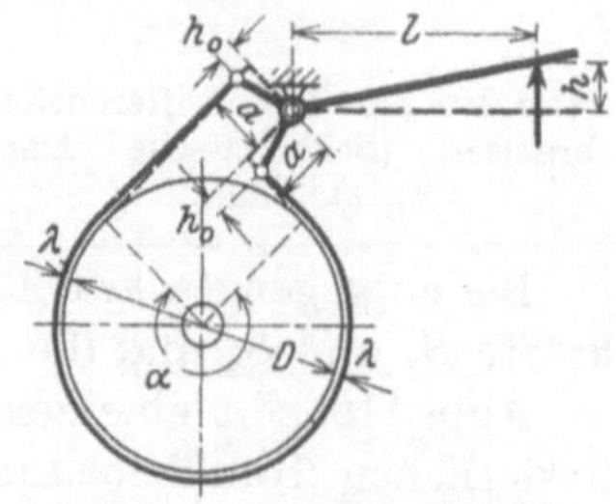

Abb. 112 und 113. Bandbremsen für wechselnde Drehrichtung (Summenbremsen).

Abb. 114. Summenbremse (Lüftweg).

Gegenüber der einfachen Bandbremse (s. S. 42) erfordert die Summenbremse, gleiche Reibungszahl und gleiche Hebelübersetzung vorausgesetzt, eine um den Betrag $(e^{\mu \alpha} + 1)$ mal größere Bremskraft. Für $e^{\mu \alpha} = 2$ (unbewehrtes Band) und $e^{\mu \alpha} = 3$ (bewehrtes Band) wird also die Bremskraft 3- bzw. 4 mal größer.

Lüftweg. Ähnlich wie bei der Differentialbremse wird der Lüftweg der Summenbremse (Abb. 114) erhalten zu:

$$h = h_0 \cdot \frac{l}{2a} = \lambda \cdot \alpha \cdot \frac{l}{2a}. \tag{74}$$

Im Vergleich zur einfachen Bandbremse ist also der Lüftweg der Summenbremse halb so groß.

Wegen ihrer in beiden Drehrichtungen gleich großen Bremskraft eignet sich die Summenbremse als Fahr- und Drehwerkbremse.

Mit der ebenfalls für wechselnde Drehrichtung in Frage kommenden doppelten Backenbremse (s. S. 17) läßt sich die Summenbremse nicht ohne weiteres vergleichen, da die erstere eine viel größere Übersetzung hat.

Bei den meist vorkommenden durchschnittlichen Gestängeübersetzungen (s. S. 18) ist das für die doppelte Backenbremse erforderliche Bremsgewicht, gleiche Berechnungsgrundlagen vorausgesetzt, um etwa 20 bis 30 vH kleiner als das der Summenbremse.

Für Fahr- und Drehwerke zieht man daher fast allgemein die doppelte Backenbremse vor. Nur als Fahrwerkbremse für Führerstandslaufkatzen und bei kleinerem abbremsbaren Moment wendet man die Summenbremse ihrer sanfteren Bremswirkung wegen mitunter an.

5. Spreizbandbremsen (Innenbandbremsen).

Bei der Spreizbandbremse (Abb. 115) wird das Band *1* gegen die hohlzylindrische Fläche der entsprechend gestalteten Scheibe *2* gepreßt. Ihre Berechnung ist grundsätzlich die gleiche wie die der Außenbandbremse.

Die Spreizbandbremse wird, da sie baulich umständlicher ist, als selbständige Bremse kaum benutzt. Sie wird dagegen bei einigen Bauarten von Sicherheitskurbeln (s. S. 65) angewendet. Bei diesen hat das Band einen verhältnismäßig starken Querschnitt und wird unter Spannung (federnd) in die Scheibe eingesetzt, so daß es die Scheibe mit der als Bremshebel dienenden Handkurbel kuppelt.

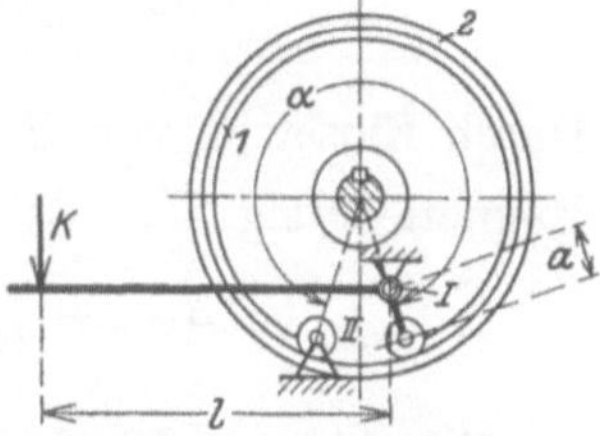

Abb. 115. Spreizbandbremse (schematische Darstellung).

6. Kombinierte Bremse (Vereinigung von Backen- und Bandbremse).

Goldberger macht in der Zeitschrift „Fördertechnik und Frachtverkehr" (Bd. XXI 1928) einen Leistungsvergleich zwischen der doppelten Backenbremse und der einfachen Bandbremse und schlägt eine kombinierte Bremse nach Art von Abb. 116 vor.

Diese Bremse eignet sich, ebenso wie die einfache Bandbremse, nur für einen Drehsinn und kommt daher nur als Hubwerkbremse in Betracht. Für den Leistungsvergleich wurde angenommen, daß die Bremsen, auf der clastischen Kupplung zwischen Motor und Hubwerk angeordnet, durch ein Gewicht belastet sind und durch einen Magnetbremslüfter gelüftet werden.

Für die doppelte Backenbremse (s. S. 19) gilt für die Berechnung des Magnetbremslüfters die Gleichung:

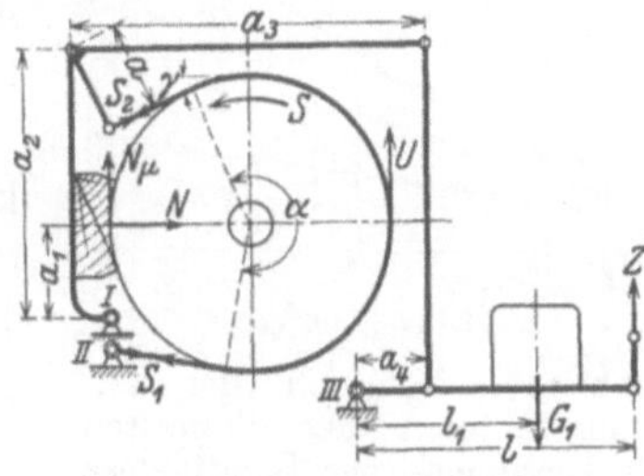

Abb. 116. Kombinierte Bremse (schematische Darstellung).
I bis *III* feste Drehpunkte.

$$A = \mathfrak{S} \cdot Z \cdot h \, \frac{1}{\eta} = \mathfrak{S} \cdot \frac{U}{2\,\mu} \cdot i \cdot h \cdot \frac{1}{\eta} \cdots \text{kgcm}. \tag{75}$$

Wird dem Vergleich ein Sicherheitsgrad $\mathfrak{S} = 1$ zugrunde gelegt, der erforderliche Magnethub in Rücksicht auf den Totgang des Gestänges um 25 vH größer genommen, $\eta \approx 0,90$ und max $i = \frac{1}{16}$ gesetzt, so wird für den listenmäßigen Magnethub $h = 5$ cm:

$$A_{\min} = 1 \cdot \frac{U}{2\,\mu} \cdot \frac{1}{16} \cdot 1,25 \cdot 5 \cdot 1,1 \approx \frac{0,219}{\mu} \, U = c_1 \cdot U \ldots \text{kgcm}. \tag{76}$$

Der Wert $\frac{1}{c_1} = \frac{U}{A_{\min}}$ wird als Leistungsfaktor der doppelten Backenbremse bezeichnet, da es genügt, die Magnetleistung mit ihm zu multiplizieren, um die größte abbremsbare Umfangskraft zu erhalten.

Für die einfache Bandbremse (s. S. 44) wird die Leistung des Magnetbremslüfters nach folgender Gleichung berechnet:

$$A = \mathfrak{S} \cdot Z \cdot h = \mathfrak{S} \cdot \frac{U}{e^{\mu\alpha} - 1} \cdot i \cdot h \cdot \frac{1}{\eta} \cdots \text{kgcm}. \tag{77}$$

Mit $\mathfrak{S} = 1$, $\frac{1}{\eta} = 1,1$, $h = 1,25 \cdot 5$ cm und max $i = \frac{a}{l} = \frac{1}{8}$ wird:

$$A_{\min} = 1 \cdot \frac{U}{e^{\mu\alpha} - 1} \cdot \frac{1}{8} \cdot 1,25 \cdot 5 \cdot 1,1 \approx \frac{0,875}{e^{\mu\alpha} - 1} \cdot U = c_2 \cdot U \ldots \text{kgcm}. \tag{78}$$

Die kombinierte Bremse (Abb. 116) hat die guten Eigenschaften der doppelten Backenbremse und der Bandbremse. Der Nachteil der letzteren, daß sie auf die Welle eine große Biegekraft ausübt, wird bei der kombinierten Bremse durch einen genügend angenäherten Druckausgleich erreicht. Während bei der einfachen Bandbremse der Umspannungsbogen meist $\alpha \approx 250^0$ beträgt, ist er bei der kombinierten Bremse nur etwa 210^0.

Mit den Bezeichnungen auf Abb. 116 wird der Kleinstwert der Magnetleistung:

$$A_{\min} = \frac{\mathfrak{S}\, U}{(e^{\mu\alpha} - 1) + \mu \cdot (\cos\gamma + e^{\alpha\mu})} \cdot \frac{a_1}{a_2} \cdot 1{,}25\, h \cdot \frac{1}{\eta} \cdots \text{kgcm} . \tag{79}$$

Durch Einsetzen von $\mathfrak{S} = 1$, $\dfrac{a_1}{a_2} = \dfrac{1}{5}$, $h = 5$ cm und $\dfrac{1}{\eta} = 1{,}1$ beträgt die kleinste Magnetleistung:

$$A_{\min} = \frac{1{,}4}{(e^{\mu\alpha} - 1) + \mu \cdot (\cos\gamma + e^{\mu\alpha})} \cdot U = c_3 \cdot U \ldots \text{kgcm} . \tag{80}$$

Abb. 117 gibt die Leistungsfaktoren $\dfrac{1}{c_1}$, $\dfrac{1}{c_2}$ und $\dfrac{1}{c_3}$ der drei Bremsbauarten für Reibungszahlen von $\mu = 0{,}2$ bis $0{,}5$. Der Umschlingungsbogen der einfachen Bandbremse ist in der Darstellung 250^0, der der kombinierten Bremse 210^0. Der Leistungsfaktor der kombinierten Bremse erreicht bei $\mu = 0{,}35$ den Wert $\dfrac{1}{c_3} = 3$ und bleibt bei $\mu > 0{,}35$ ziemlich unveränderlich. Dies ist darauf zurückzuführen, daß die Übersetzungsmöglichkeit bei $\mu > 0{,}35$ ungünstiger wird.

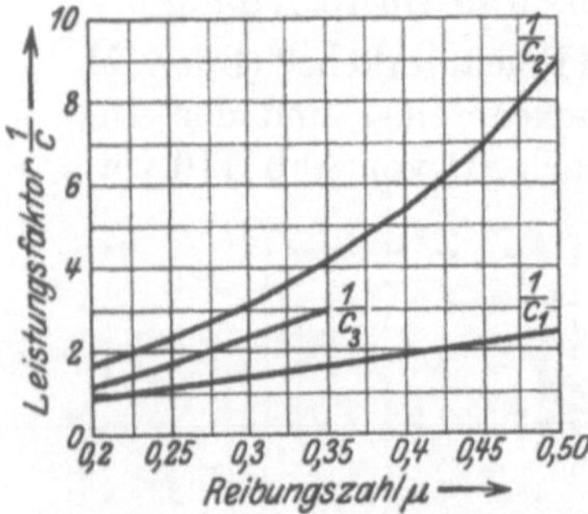

Abb. 117. Vergleich der Leistungsfaktoren der doppelten Backenbremse, der Bandbremse und der kombinierten Bremse.

Die Abb. 117 zeigt, daß die Leistungsfähigkeit der kombinierten Bremse wesentlich größer als die der doppelten Backenbremse ist und nicht weit hinter der Bandbremse zurückbleibt. So ist z. B. der Leistungsfaktor bei $\mu = 0{,}35$ bei der Backenbremse $\dfrac{1}{c_1} = 1{,}6$, bei der Bandbremse mit 250^0 Umspannungsbogen $\dfrac{1}{c_2} \approx 4$ und bei der kombinierten Bremse mit 210^0 Umspannung $\dfrac{1}{c_3} = 3$, die Leistungsfähigkeit der kombinierten Bremse ist daher unter angenähert gleichen Bedingungen etwa 88 vH größer als die der Backenbremse und etwa 30 vH kleiner als die der Bandbremse.

Gestaltung und Einbau der Bandbremsen.

Konstruktion der Bremsteile.

1. Bremsscheiben.

Für Handhebezeuge werden sie aus Gußeisen und für Scheibendurchmesser von 250 bis 500 mm hergestellt.

Zahlentafel 7. Abmessungen der Bremsscheiben für Handwinden.

Scheibendurchmesser..	$D = 250$	300	350	400	450	500 mm
Scheibenbreite.....	$b = 50$	60	70	80	100	120 „

Ausführung der Scheiben mit beiderseitigem Bordrand (Abb. 118) ist nicht erforderlich, da sich das Bremsband im allgemeinen richtig zur Scheibe einstellt. Gegebenenfalls nietet man an dem Bremsbande einen über den Scheibenkranz greifenden Flacheisenbügel an (Abb. 143, S. 59).

Bei den Handwinden stellt man Bremsscheibe und Sperrad vielfach aus einem Stück her (Abb. 133 und 134, S. 55). In baulicher Hinsicht hat jedoch diese Anordnung den Nachteil, daß die am Bremshebeldrehbolzen wirkende resultierende Kraft einen großen Hebelarm hat und einen starken Bolzen erfordert.

Bremsscheiben für elektrische Hebezeuge und elastische Kupplungen mit Bremsscheibe s. S. 28.

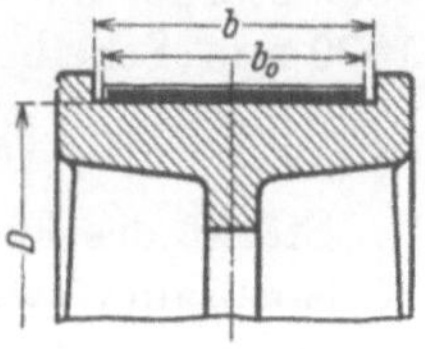

2. Bremsbänder.

Abb. 118. Bremsscheibe mit beiderseitigem Bordrand.

Für die Bremsen der Handwinden ist meist ein blankes Stahlband mit den nachstehenden Abmessungen ausreichend:

Zahlentafel 8.

Scheibenbreite	$b =$	50	60	70	80	100	120 mm
Bandbreite	$b_0 =$	40	50	60	70	80	100 ,,
Bandstärke	$s_0 =$	2	3	3	4	4	5 ,,

Ist die Bremse einer Handwinde in ihren Abmessungen beschränkt, so wird das Band auch mit Leder belegt. Der Lederbelag wird durch Kupfernieten am Bremsband befestigt.

Für motorische (elektrische) Hebezeuge werden nur mit Holz, Leder oder Ferodofibre bewehrte Bremsbänder verwendet.

Zahlentafel 9. Abmessungen der Bremsbänder für elektrische Hebezeuge.

Scheibenbreite	$b =$	70	90	120	160	210	260	mm
Bandbreite	$b_0 =$	60	80	100	150	200	250	,,
Bandstärke	$s_0 =$	4	5	5	5	4	4	,,
Ferodostärke	$s_1 =$	5	6	8	8	10	10	,,
Holzklotzstärke	$s_2 =$	30	30	35	40	45	45	,,
Holzklotzlänge	$l_2 =$	60—80	70—90	90—130	110—140	130—160	140—160	,,

Bei Holzbelag werden die Klötze dem zylindrischen Scheibenkranz angepaßt und durch zwei oder vier Holzschrauben am Band befestigt. Zwischen je zwei Holzklötzen sei ein Zwischenraum von 4 bis 6 mm. Holzart: Weißbuche, besser Pappelholz.

Der Ferodobelag wird entweder durch Kupfer- bzw. Messingnieten oder durch versenkte Schrauben (Abb. 119) am Bremsband befestigt. Soll das Bremsband besonders biegsam und nachgiebig sein, so wird der Ferodobelag in mehreren Stücken aufgelegt.

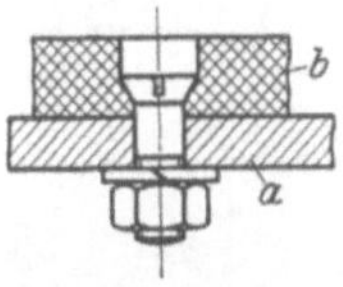

Geteilte Bremsbänder werden durch zwei Winkel (Abb. 120) oder durch ein Scharnier (Abb. 121) miteinander verbunden.

Werkstoff der Bremsbänder: Stahl (St 60·11).

Abb. 119. Befestigung des Ferodobelages[1].

a Bremsband, b Belag.

Die Bremsbänder werden mit der größten Bandkraft S_1 (s. S. 41) und in dem durch die Nieten bzw. Schrauben geschwächten Querschnitt auf Zug gerechnet. Liegen zwei Nieten in dem geschwächten Querschnitt (Abb. 122) und bezeichnet d den Nietdurchmesser in cm, so ist die Zugbeanspruchung:

$$\sigma = \frac{S_1}{(b_0 - 2\,d) \cdot s_0} \cdots \text{kg/cm}^2. \tag{81}$$

Zulässige Zugbeanspruchung: $\sigma_{zul} = 400$ bis 600, im Mittel 500 kg/cm².

Zahlentafel 10. Größte Zugkräfte der normalen Bremsbänder[2].

Band-Abmessungen	80×4	100×5	150×5	200×4	250×4 mm
Nietdurchmesser	10	10	13	13	13 ,,
Zugkraft (S_1)	1000	2000	2500	3000	4000 kg

---

[1] Deutsche Ferodogesellschaft, Berlin-Marienfelde.   [2] Demag A.-G., Duisburg.

Die Bremsbänder der Schlingbandbremsen (s. S. 46) werden mit Holzklötzen oder Ferodofibre bewehrt. Wegen der doppelten Umschlingung werden sie schmäler aber stärker als die normalen Bremsbänder ausgeführt. Für Bremsen von 500 bis 1000 mm Scheibendurchmesser sind nachstehende Bandabmessungen zweckmäßig:

$$b_0 \times s_0 = 30 \times 8,\ 35 \times 10,\ 40 \times 16 \ \text{und}\ 50 \times 15\ \text{mm}.$$

Stärke des Ferodobelages $s_1 = 8$ bis 10 mm, der Holzklötze: $s_2 = 25$ bis 30 mm. Spielraum zwischen den beiden Umschlingungen: 2 bis 5 mm.

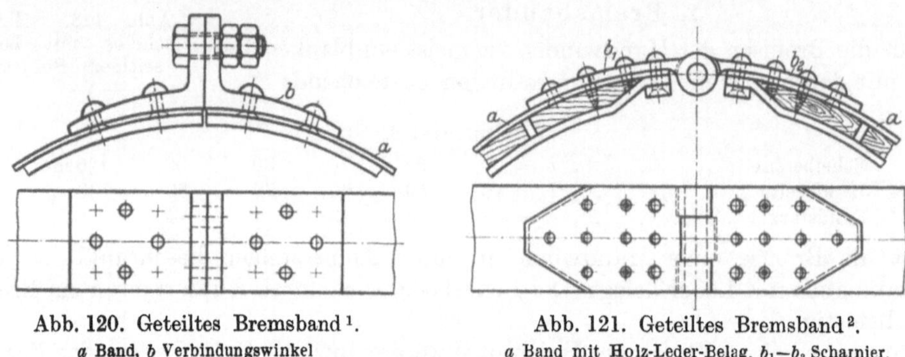

Abb. 120. Geteiltes Bremsband [1].
a Band, *b* Verbindungswinkel

Abb. 121. Geteiltes Bremsband [2].
a Band mit Holz-Leder-Belag, $b_1 - b_2$ Scharnier.

3. Bremsband-Anschlüsse.

Beide Bandenden werden gelenkig (durch Bolzen) am Bremshebel bzw. am Bremshebeldrehbolzen angeschlossen. Unbewehrte Stahlbänder (für Handwinden) nützen sich nur unwesentlich ab und erhalten daher an beiden Enden festen Bandanschluß.

Mit Holz, Leder oder Ferodofibre belegte Bänder werden am auflaufenden Bandende fest und am ablaufenden nachstellbar angeordnet.

Die Ausbildung der Bremsbandanschlüsse hängt davon ab, ob der Bremshebel aus einem oder aus zwei Flacheisen besteht.

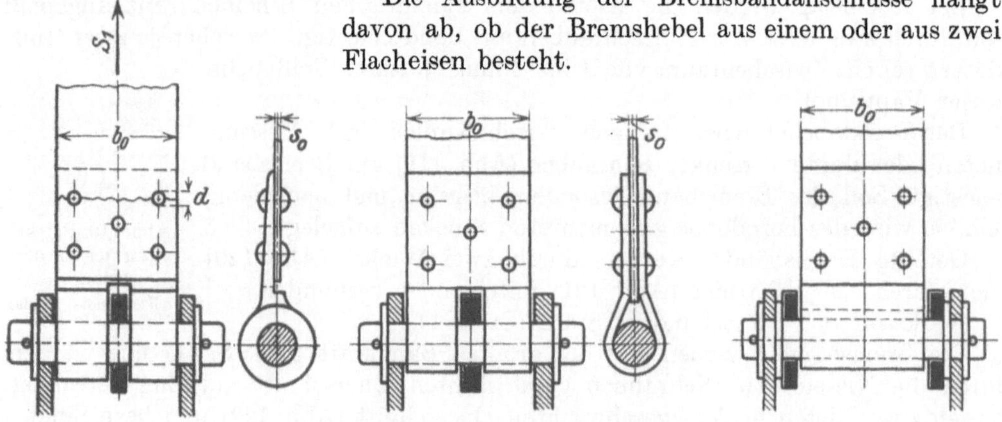

Abb. 122 bis 124. Feste Bandanschlüsse.

Meist stellt man den Bremshebel aus einem Flacheisen her und führt den festen Bandanschluß mit einem schmiedeeisernen Kloben (Abb. 122) oder mit einer aus Flacheisen gebogenen Schlaufe (Abb. 123) aus.

Abb. 124: Fester Bandanschluß bei einem aus zwei Flacheisen bestehenden Hebel.

Bei den Bremsen für elektrische Hebezeuge wird für den festen Bandanschluß der Kloben (Abb. 122) seltener angewendet, da er nur eine einschnittige Nietverbindung mit dem Band zuläßt. Man zieht daher allgemein die Flacheisenschlaufe

---

[1] Demag A. G., Duisburg.   [2] MAN, Werk Nürnberg.

(Abb. 123 und 124) vor, die zweischnittig mit dem Bremsband verbunden ist. Flacheisenstärke der Schlaufe $\approx$ 1,25-fache Bandstärke.

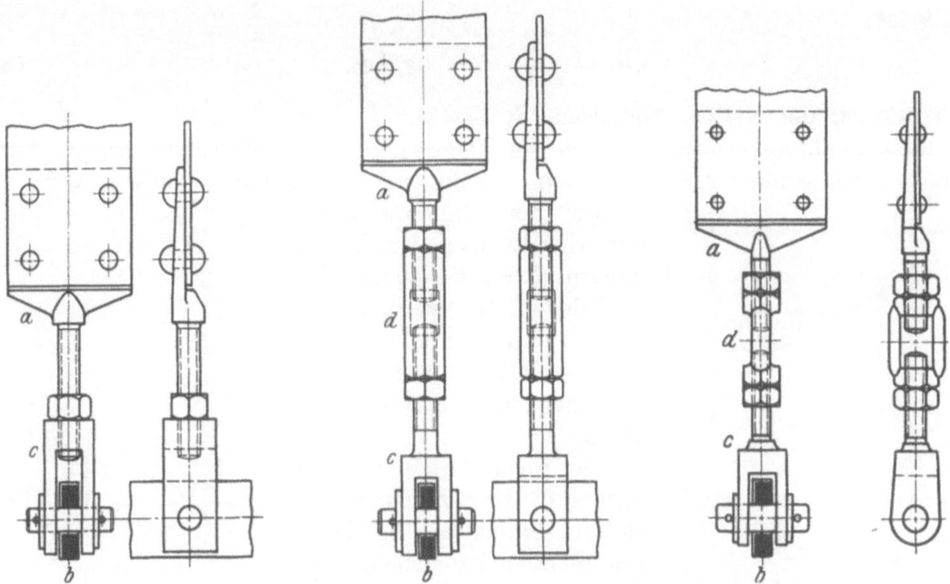

Abb. 125 bis 127. Nachstellbare Bandanschlüsse für einfachen Flacheisenhebel.
a Blattschraube, *b* Bremshebel, *c* Gabel, *d* Spannschloß.

Der Nietdurchmesser wird der Bandstärke entsprechend gewählt und beträgt (s. unter 2.) $d = 10$ bis 13 mm. Kleinste Nietzahl $z = 4$.

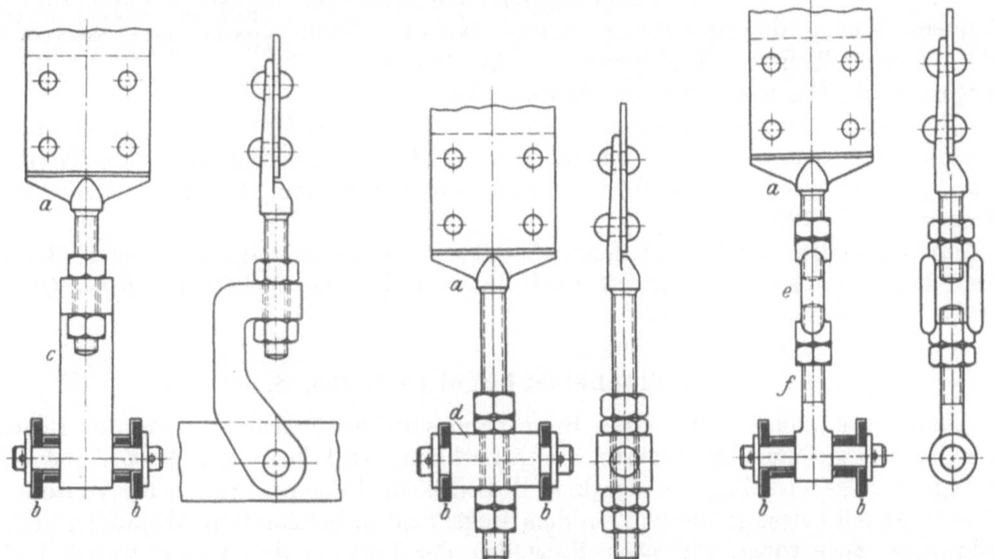

Abb. 128 bis 130. Nachstellbare Bandanschlüsse für Doppelflacheisenhebel.
a Blattschraube, *b—b* Bremshebel, *c* Anschlußstück, *d* Querstück (Traverse), *e* Spannschloß, *f* Zugstück.

Bezeichnet S_1 die größte Bandkraft und m die Zahl der Schnitte der Nietverbindung, so ist die Scherbeanspruchung:

$$\tau = \frac{S_1}{m \cdot z \cdot d^2 \frac{\pi}{4}} \cdots \text{kg/cm}^2. \tag{82}$$

Bei der einschnittigen Nietverbindung (Abb. 122) ist $m = 1$ und bei der zweischnittigen (Abb. 123) $m = 2$.

Der bei der zweischnittigen Nietverbindung noch nachzuprüfende Lochleibungsdruck ist:

$$\sigma_l = \frac{S_1}{z \cdot d \cdot s_0} \cdots \text{kg/cm}^2. \tag{83}$$

Werkstoff der Nieten: Nieteisen (St 34·13).

In Rücksicht auf etwaige Stöße an der Bremse nehme man die Scherbeanspruchung verhältnismäßig niedrig, $\tau_{zul} \approx 200$ bis 400 kg/cm². Lochleibungsdruck $\sigma_l \approx 2\,\tau$.

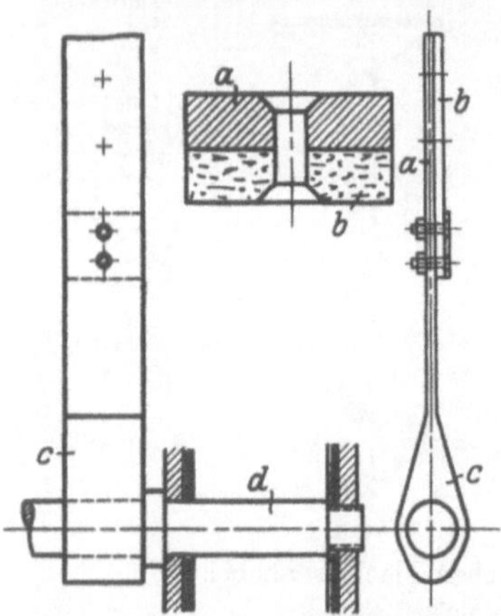

Abb. 131. Fester Bandanschluß für Schlingbandbremsen[1].

a Band, b Ferodobelag, c angeschmiedete Öse, d fester Bolzen.

Bei den Bandanschlüssen der Handwinden werden die Nieten ($d = 6$ bis 10 mm) kalt geschlagen. Sie werden daher nicht auf Abscheren oder Reibungsschluß, sondern auf Biegung gerechnet. $\sigma_{zul} \approx 300$ bis 400 kg/cm².

Der nachstellbare Bandanschluß wird bei dem aus einem einfachen Flacheisen bestehenden Bremshebel nach Art von Abb. 125 bis 127 ausgeführt. Bei der Anordnung Abb. 125 ist die Blattschraube unmittelbar (ohne Spannschloß) mit der am Bremshebel angreifenden Gabel ver-

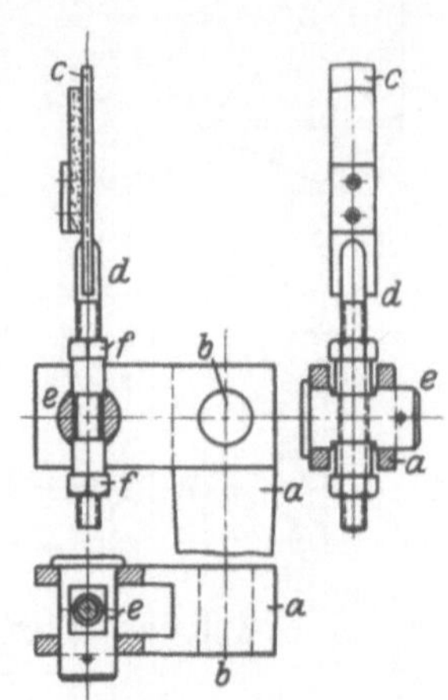

Abb. 132.   Nachstellbarer Bandanschluß für Schlingbandbremsen[1].

a Winkelhebel, b fester Bolzen zu a, c Band mit Ferodobelag, d Blattschraube, an c angeschmiedet, e Traversenbolzen, f Muttern zu d.

bunden. Vorzug der Anordnung: Kurze Bauhöhe. Nachteil: Umständlicheres Nachspannen. Abb. 126 und 127 zeigen die Ausführung mit einem Spannschloß.

Bei einem aus zwei Flacheisen bestehenden Bremshebel wird der nachstellbare Bandanschluß nach Abb. 128 bis 130 hergestellt. Der Anschluß Abb. 128 hat den Vorzug einer kurzen Bauhöhe, meist gibt man jedoch dem Spannschloß oder der Traverse (Abb. 129) den Vorzug.

Die schmalen Bänder der Schlingbandbremsen erhalten für den festen Bandanschluß eine angeschmiedete Öse (Abb. 131) und für den nachstellbaren ein Querstück mit Muttern (Abb. 132).

4. Flacheisenbügel (Abb. 135, S. 56).

Damit der radiale Lüftweg des Bremsbandes auf den ganzen umspannten Bogen der Bremse gleichmäßig eingestellt werden kann, wird über dem Bremsband ein gebogener Flacheisenbügel angeordnet, dessen beide Enden in geeigneter Weise am Windengestell befestigt werden. An dem Bügel sind in bestimmten Abständen Stellschrauben angeordnet, die nach Einstellen der Lüftung durch eine Mutter festgestellt werden.

Damit der Bügel nicht federt, soll er mindestens 10 bis 12 mm stark sein. Schraubendurchmesser: $\frac{1}{2}''$ bis $\frac{5}{8}''$ Zoll. Bei großen Bremsen sind die Abmessungen entsprechend stärker.

Bremshebel, Bremsgewicht, Anschluß des Bremslüfters und Gestängebolzen s. S. 34 unter „Backenbremsen".

---

[1] Demag A.-G., Duisburg.

Einbau- und Ausführungsbeispiele.

Bei dem Einbau der einfachen Bandbremse und der Differentialbremse in ein Windwerk ist stets der Senkdrehsinn der Bremswelle festzustellen. Dieser muß

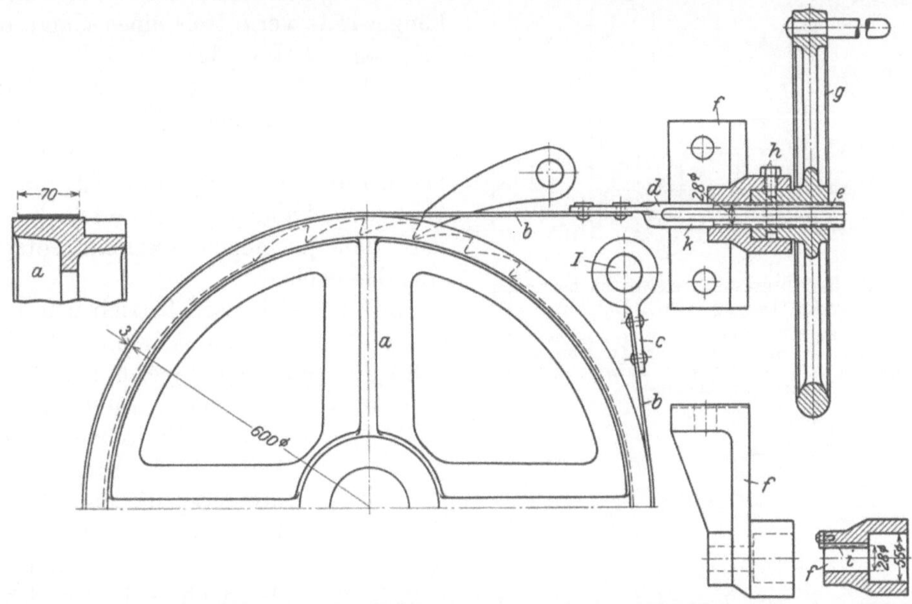

Abb. 133. Durch Handrad und Spindel betätigte Bandbremse[1] (Defries A.-G., Düsseldorf).

a Bremsscheibe mit angegossenem Sperrad, *b* Bremsband. *c* Kloben für den festen Bandanschluß bei *I*, *d* Blattschraube mit flachgängiger Spindel *e*, *f* Spindellager, *g* Handrad mit Muttergewinde, *h* Schraube in eine Nabeneindrehung von *g* eingreifend, *i* Keil an *f*, das Drehen der Spindel verhindernd.

derart sein, daß das ablaufende Bandende mit der kleineren Kraft S_2 (s. S. 41) durch den Bremshebel angezogen wird. Ist der Senkdrehsinn entgegengesetzt, so wirkt die größere Bandkraft S_1 am Bremshebel und die Handkraft bzw. das Bremsgewicht werden um das $e^{\mu\alpha}$-fache größer. Die Bremse muß dann nach der anderen Seite gelegt werden oder die Anschlüsse des Bremsbandes am Hebel werden geändert.

Bei den Handkabelwinden mit einfacher Stirnräderübersetzung werden Sperrad und Bremsscheibe an der Trommel mit angegossen, bei den Winden mit doppelter Räderübersetzung sitzen Sperrwerk und Bremse getrennt auf der Vorgelegewelle. Die Anordnung hat den Nachteil, daß zum Senken der Last mehrere Handgriffe auszuführen sind, die eine entsprechende Aufmerksamkeit des bedienenden Arbeiters erfordern.

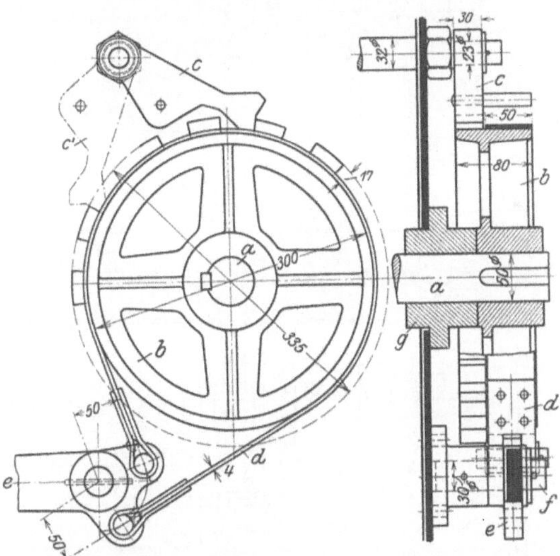

Abb. 134. In beiden Drehrichtungen wirkende Bandbremse mit Sperrwerk[2] (Zobel, Neubert & Co., Schmalkalden).

a Welle, *b* Bremsscheibe, mit angegossenem Sperrad, *c* (*c'*) umlegbare Klinke, *d* Bremsband, *e* Bremshebel, *f* fester Drehbolzen zu *e*.

An Stelle von Sperrwerk und Bremse ist es daher empfehlenswert, eine Sperrad- oder Lösungsbremse (s. S. 58) vorzusehen, deren Bedienung wesentlich leichter ist.

---

[1] Zu einer Grubenkabelwinde von 15000 kg Tragkraft.

[2] Zu einer Grubenkabelwinde mit Doppeltrommel von 3000 kg Tragkraft.

Gruben-Kabelwinden werden den bergpolizeilichen Vorschriften entsprechend mit zwei Sperrwerken und zwei Bremsen ausgerüstet. Bei den Gruben-Kabelwinden größerer Tragkraft (5000 bis 15000 kg) wird die Bandbremse durch ein Schraubengewinde vermittels eines Handrades angezogen (Abb. 133).

Abb. 134 zeigt die in zwei Drehrichtungen wirkende Bremse einer Gruben-Kabelwinde mit Doppeltrommel. Das Sperrad ist an der Bremsscheibe angegossen und die Klinke wird dem jeweiligen Sperrsinn entsprechend umgelegt.

Bei den elektrisch betriebenen Winden und Hubwerken zieht man die doppelte Backenbremse meist der Bandbremse vor, trotzdem diese nur in einem Umlaufsinne wirken muß, sanfter anzieht und wegen der größeren Bremsfläche geringerem Verschleiß ausgesetzt ist. Je nach Art der Schaltung wird die Bremse beim Heben und Senken elektromagnetisch gelüftet oder beim Heben durch den Magneten und beim Senken von Hand.

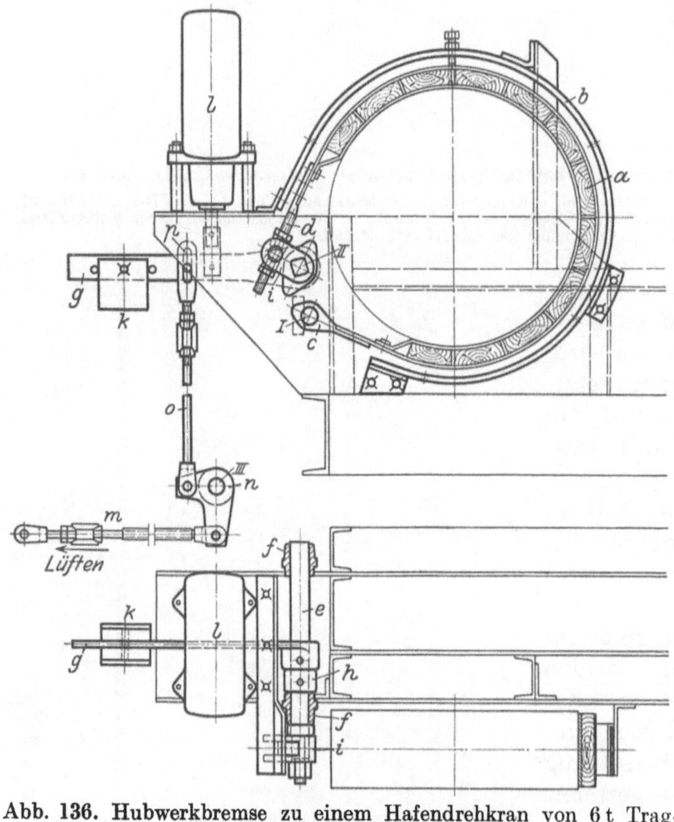

Abb. 135 zeigt die normale Bauart einer gewichtbelasteten, elektro-magnetisch gelüfteten Bandbremse, wie sie für die Hubwerke der elektrisch betriebenen Kranlaufwinden verwendet wird. Die Bremse wird mit Holz- oder Ferodobelag hergestellt. Scheibendurchmesser 250 bis 700 mm.

Abb. 136: Hubwerkbremse zu einem Hafendrehkran mit Greiferbetrieb. Die Bremse wird beim Heben durch den Magneten und beim Senken von Hand gelüftet.

Durchmesser der Bremse: 700 mm. Stromart: Drehstrom 500 V, 50 Perioden in der Sek. Type des Magnetbremslüfters (SSW): K 239 IV. Hubarbeit: 300 kgcm.

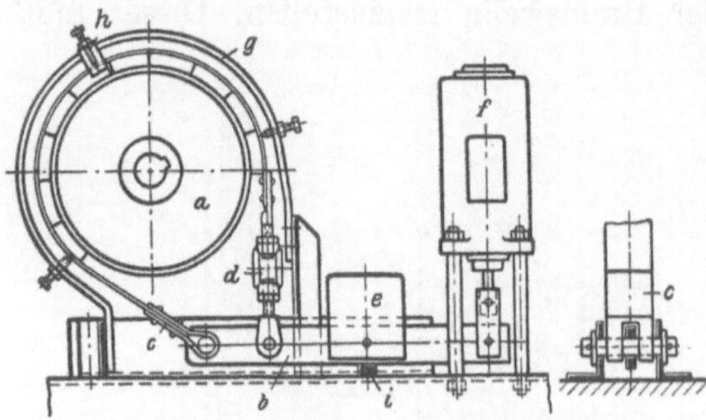

Abb. 135. Bandbremse für elektrisch betriebene Hubwerke (Demag A.-G., Duisburg).

a Bremsscheibe, *b* Bremshebel, *c* fester, *d* nachstellbarer Bandanschuß, *e* Bremsgewicht, *f* Magnetbremslüfter, *g* Bügel mit Stellschrauben *h*, *i* Anschlag zum Aufsetzen des Bremshebels.

Abb. 136. Hubwerkbremse zu einem Hafendrehkran von 6 t Tragkraft (Demag A.-G., Duisburg).

a Bremsband mit Holzklötzen und Lederbelag, *b* Flacheisenbügel mit Stellschrauben zur Einstellung der Bandlüftung, *c* fester Bandanschluß, *d* nachstellbarer Bandanschluß, *e* drehbarer Bozen, *f* Flanschlager zu *e*, *g* Bremshebel auf dem Bozen *e* verstiftet, *h* Stellring, *i* Gabel, auf dem Vierkant von *e* sitzend und durch eine Mutter befestigt, *k* Bremsgewicht, *l* Magnetbremslüfter, *m* Rohrgestänge mit Gabeln und Spannschloß zum Lüften der Bremse von Hand (vom Führerstand aus), *n* Winkelhebel, *o* Gestänge mit Spannschloß, *p* Gabel mit Langloch zum Anschluß des Handlüftgestänges an den Bremshebel. *I—II—III* feste Drehpunkte der Bremse.

II. Axialbremsen (Längsdruckbremsen).

Die Kegel-, Scheiben- und Lamellenbremsen entsprechen in ihrer Bauart und Wirkung den gleichnamigen, ebenfalls durch einen Längsdruck betätigten Reibungskupplungen. Diese Axialbremsen werden im Hebezeugbau meist in Verbindung mit einem Sperrwerk angewendet und sind dann ein wesentlicher Bestandteil der Lastdruckbremsen und einiger Bauarten von Sicherheitskurbeln.

a) Kegelbremse.

Der auf der Welle (Abb. 137) sitzende Vollkegel wird durch den Längsdruck P (z. B. den Zahndruck eines Schneckengetriebes) in den beim Lasthalten und Bremsen stillstehenden Hohlkegel gedrückt. Hierdurch wird an den Kegelflächen ein Reibungswiderstand W_r hervorgerufen, der auf die Welle und damit auf das Windwerk

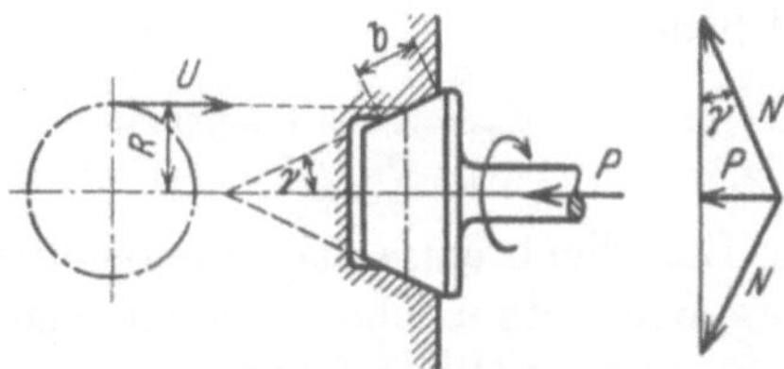 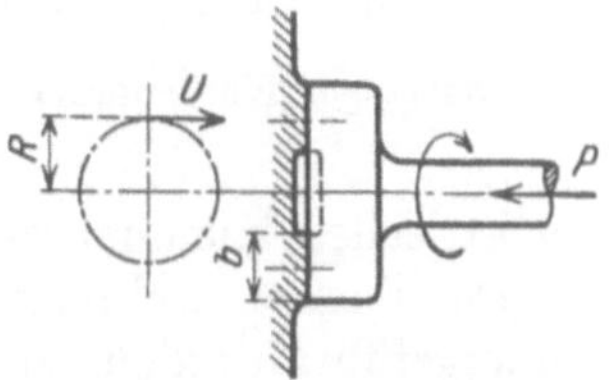

Abb. 137 und 138. Kegelbremse.   Abb. 139. Scheibenbremse.

bremsend wirkt. Wird dieser Reibungswiderstand so weit gesteigert, daß er gleich oder größer als die Umfangskraft $U = \dfrac{M}{R}$ ist, so werden Voll- und Hohlkegel miteinander gekuppelt und die Last wird festgehalten.

Bezeichnen mit Bezug auf Abb. 137 γ den halben Kegelwinkel, R den mittleren Halbmesser der Reibflächen, so ist das Reibungsmoment der Bremse:

$$M_r = W_r \cdot R = N\,\mu \cdot R = P \cdot \mu \cdot R \cdot \frac{1}{\sin \gamma} \cdots \text{kgcm}. \tag{84}$$

Halber Kegelwinkel: $\gamma = 20$ bis 28^0. Reibungszahl bei mäßig gefetteter Bremsfläche: $\mu \approx 0{,}10$ bis $0{,}15$.

Die Kegelbreite b ist durch den zulässigen Flächendruck zwischen Voll- und Hohlkegel bestimmt. Abb. 138: Kräftewirkung an der Kegelbremse.

b) Scheibenbremse (Planbremse).

Wird der Winkel γ der Kegelbremse (Abb. 137) gleich 90^0 ($\sin \gamma = 1$), so geht diese in die einfache Scheiben- oder Planbremse (Abb. 139) über. Bedeutet R den mittleren Scheibenhalbmesser, so ist das Reibungsmoment:

$$M_r = W_r \cdot R = P\mu \cdot R \ldots \text{kgcm}. \tag{85}$$

Flächendruck: $\sigma = \dfrac{P}{2\,R\,\pi \cdot b} \cdots \text{kg/cm}^2$. \tag{86}

c) Lamellenbremse.

In dem feststehenden Gehäuse *1* (Abb. 140) sind die Scheiben (Lamellen) *2* durch Keile, Nasen oder Stifte gegen Drehen gesichert, während die Scheiben *3* vermittels Federkeilen auf der Welle längs verschiebbar sitzen und mit dieser umlaufen.

Durch den Längsdruck P der Welle werden die Scheiben gegeneinander gepreßt und es wird ein Reibungswiderstand hervorgerufen, der, der Zahl der Reibflächen entsprechend, um ein Vielfaches größer als der der Scheibenbremse ist. Die Zahl der Reibflächen ist doppelt so groß als die Zahl der umlaufenden Lamellen plus 1.

Bezeichnet z die Zahl der Reibflächen, so ist das durch den Längsdruck hervorgerufene Reibungsmoment:

$$M_r = W_r \cdot R = z\,P\,\mu \cdot R \ldots \text{kgcm} \,. \qquad (87)$$

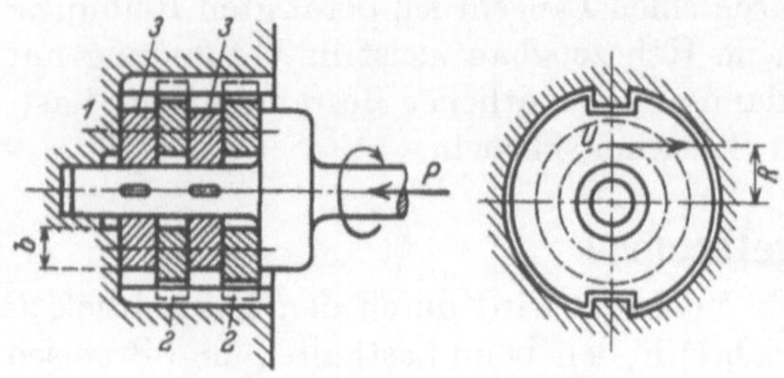

Abb. 140. Lamellenbremse.

Werkstoff der Scheiben: Stahl (St 60·11) und Gußbronze (GBz 20).

Reibflächen sauber bearbeitet und geschmiert ($\mu \approx 0,1$). Als umlaufende Scheiben werden statt der Bronzescheiben auch Stahlscheiben verwendet, die beiderseits mit Ferodofibre belegt sind. Flächendruck:

$$\sigma = \frac{P}{z \cdot F} \cdots \text{kg/cm}^2, \qquad (88)$$

wobei F die ringförmige Bremsfläche in cm² bedeutet.

Zulässiger Flächendruck (Stahl auf Bronze) . . . . . $\sigma_{zul} = 4$ bis 8 kg/cm²
     ,,   ,,   (Stahl ,, Ferodo) . . . . . $\sigma_{zul} = 2$,, 3 kg/cm²

Bei elektrischen Kleinhebezeugen wird die Lamellenbremse auch als Senkbremse benutzt. Da hierbei während des Senkvorganges erhebliche Arbeitsmengen in Wärme übergeführt werden, so läßt man die Bremse im Ölbad laufen.

Alsdann: $\mu = 0,03$ bis $0,05$, im Mittel $0,04$.

Zulässiger Belastungswert der Bremse (s. S. 20):

$$\sigma \cdot v \leq 30 \,.$$

Bei schlechter Wärmeableitung geht man bis auf $^1/_3$ dieses Wertes herab.

III. Sperradbremsen (Lüftbremsen).

Sie stellen eine Vereinigung von Sperrwerk und Bremse dar und werden hauptsächlich bei Handwinden, weniger bei elektrischen Winden angewendet.

Bei kleineren Bremsmomenten ist die Bremse eine einfache gewichtbelastete Backenbremse mit zylindrischer oder keilnutenförmiger Reibfläche; bei größeren ist sie eine Bandbremse (einfache Bandbremse oder Differentialbremse). Das Sperrwerk wird als Zahngesperre oder als Reibungsgesperre ausgeführt.

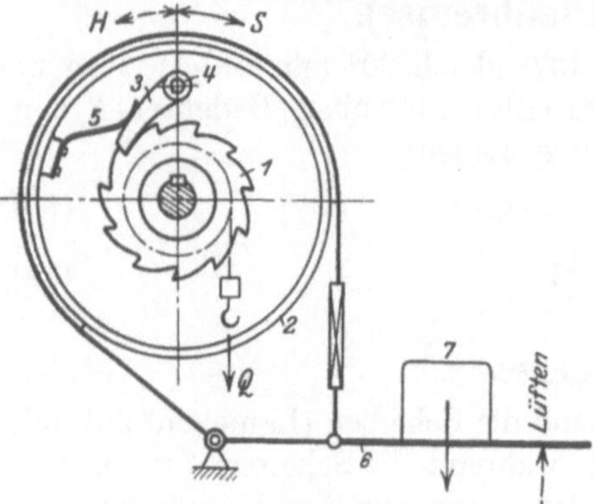

Abb. 141. Sperradbremse (schematische Darstellung).

a) Sperradbremsen mit Zahngesperre.

Das Sperrad *1* (Abb. 141) ist auf der Welle aufgekeilt, während die Bremsscheibe *2* lose auf ihr sitzt. Die Sperrklinke *3* hat ihren Drehbolzen *4* an der Bremsscheibe und wird durch eine Feder *5* im Eingriff gehalten. Der Bremshebel *6* ist durch ein Gewicht *7* belastet und wird von Hand gelüftet.

Arbeitsweise der Bremse (Abb. 141).

1. Heben. Die Bremsscheibe steht bei angezogener Bremse still. Welle und Sperrad drehen sich unter dem Einfluß der Antriebskraft im Hubsinne (Linkssinne), wobei die Sperradzähne unter der Klinke fortlaufen.

2. Lasthalten. Die Antriebskraft des Windwerks hört auf und die Bremswelle wird durch den Rückdruck der Last so lange im Senksinne (Rechtssinne) gedreht, bis sich der nächste Sperradzahn

gegen die Klinke legt. Da die Bremse angezogen bleibt, so wird die Last vermittels der Klinke abgestützt und der Lastniedergang gesperrt.

3. **Senken.** Der gewichtbelastete Bremshebel wird gelüftet. Sperrad und Bremse bleiben durch die Klinke gekuppelt und drehen sich mit der Welle, durch die Last angetrieben, im Senksinne (Rechtssinn). Die Senkgeschwindigkeit ist durch mehr oder weniger starkes Lüften regelbar.

Die Bremse wird bei den Handkabelwinden mit einfacher Stirnräderübersetzung (bis 1000 kg Tragkraft) auf der Trommelwelle angeordnet. Bei den Winden mit doppelter Übersetzung (1000 bis 4000 kg Tragkraft) sitzt sie auf der Vor-

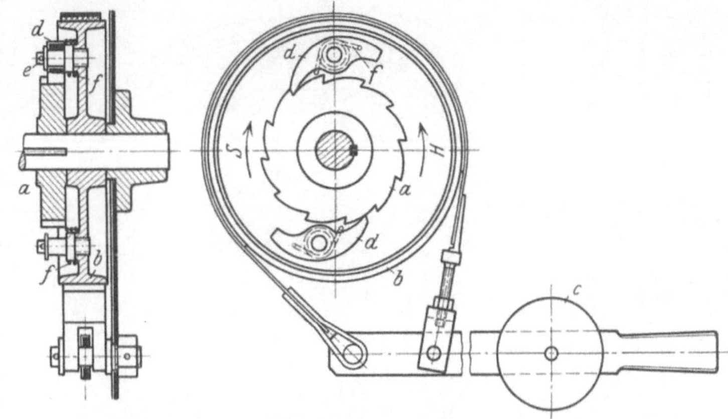

Abb. 142. Normale Sperradbremse für Handkabelwinden (F. Piechatzek, Berlin).

a Sperrad, *b* Bremsscheibe, *c* Belastungsgewicht, *d* Sperrklinken, *e* Bolzen zu *d*, an *b* angeschraubt, *f* Spiralfedern, den Klinkeneingriff erzwingend.

gelegewelle. Die Kurbelwelle wird, um ein Herumschlagen der Kurbel zu vermeiden, ausrückbar gemacht.

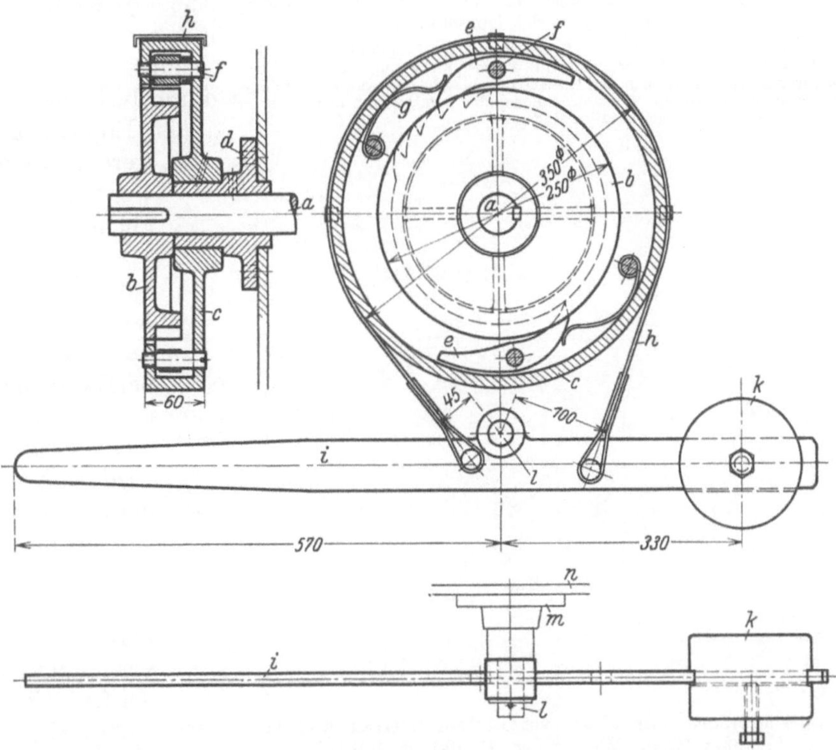

Abb. 143. Sperradbremse zu einer Grubenkabelwinde von 1500 kg Tragkraft (Defries A.-G., Düsseldorf).

a Bremswelle, *b* Sperrad, *c* Bremsscheibe, lose auf einem Ansatz des Lagers *d* sitzend, *e* Sperrklinken, *f* Klinkenbolzen, *g* Blattfedern, *h* Bremsband, *i* Bremshebel mit Belastungsgewicht *k*, *l* Drehbolzen zum Bremshebel, vermittels des Gußstückes *m* an dem Schildblech *n* der Winde befestigt.

Die Sperradbremse ist nicht vollkommen betriebssicher, da bei ungeschicktem Handhaben (zu starkem Lüften) die Last freigegeben wird und abstürzen kann.

Um eine unzulässig hohe Senkgeschwindigkeit bzw. ein Abstürzen der Last zu verhindern, wird die Sperradbremse vielfach in Verbindung mit einer Fliehkraftbremse angewendet (s. S. 67).

Abb. 142 bis 144 zeigen Sperradbremsen mit außen verzahntem Sperrrad. Der Eingriff der Klinken wird durch eine Blatt- oder Spiralfeder erzwungen oder die Klinken werden durch ein Reibzeug gesteuert.

Zur Erhöhung der Sicherheit und um den Klinkengleitweg auf die Hälfte zu verringern, ordnet man zwei um die halbe Teilung zueinander versetzte Klinken an. Große Sperradbremsen (für elektrisch betriebene Windwerke) erhalten drei oder vier Klinken. Da die Klinken mit der Bremsscheibe umlaufen und durch die Fliehkraft leicht außer Eingriff gebracht werden können, so werden sie ausgeglichen (s. S. 7).

Die Bremse wird am besten als einfache Bandbremse ausgeführt. Ist man bei Handwinden mit dem Scheibendurchmesser begrenzt und wird das während des Lastsenkens anzuhebende Belastungsgewicht zu schwer, so macht man, um dieses zu vermindern, von der Differentialbremse Gebrauch.

Abb. 142: Sperradbremse zu einer Handkabelwinde

Abb. 144. Geräuschlose Sperradbremse von 500 mm Scheibendurchmesser (Losenhausenwerk, Düsseldorf).

a Bremswelle, *b* Sperrad, auf *a* aufgekeilt, *c* Bremsscheibe mit Rotgußbüchse, auf dem Lageransatz *d* sitzend, *e* Pfropfenschmierung für Bremsscheibe und Lager, *f* Sperrklinken, *g* Klinkenbolzen, *h* Stift an *g*, den Klinkenausschlag begrenzend, *i* zweiteiliger Reibring, *k* Gelenk, *l* Spiralfedern zu *i*, *m* Stangen, die Klinken mit dem Reibring gelenkig verbindend.

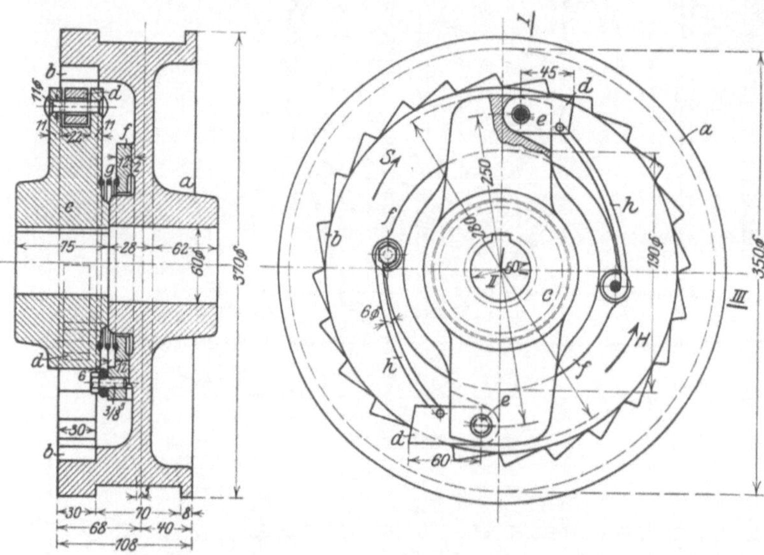

Abb. 145. Sperradbremse mit innen verzahntem Sperrad und gesteuerten Klinken (Gebr. Weismüller, Frankfurt-Main).

a Bremsscheibe, lose auf der Welle sitzend, *b* Sperradzähne, an *a* angegossen, *c* Doppelhebel, auf der Welle aufgekeilt, *d* Klinken, an *c* drehbar angeordnet, *e* Klinkenbolzen, *f* Reibring, *g* Spiralfeder, *f* gegen *a* pressend, *h* Schleppfedern, an *f* und *d* gelenkig angeordnet.

von 2000 kg Tragkraft. Scheibendurchmesser: 350 mm.

Abb. 143: Sperradbremse mit Differentialbremse zu einer Gruben-Kabelwinde von 1500 kg Tragkraft. Scheibendurchmesser: 350 mm. Belastungsgewicht: 7,5 kg.

Das beim Lastheben auftretende klappernde Geräusch der Sperrklinken ist besonders bei den schnell umlaufenden Bremsscheiben der motorisch betriebenen Winden lästig. Es wird dadurch vermieden, daß man die Klinken durch ein Reibzeug steuert (Abb. 144).

Das Reibzeug rückt die Klinke bei Beginn der Hubbewegung aus und bringt sie bei Aufhören der Antriebkraft und Drehung der Bremswelle im Senksinne sofort wieder in Eingriff.

Die geräuschlose Sperradbremse Abb. 144 wird bei elektrisch betriebenen Windwerken angewendet. Wegen der höheren Gleitgeschwindigkeit ist die auf einem Lageransatz umlaufende Bremsscheibe mit einer Rotgußbüchse versehen. Die Laufflächen zwischen Scheibe und Lageransatz bzw. zwischen Welle und Lageransatz werden durch Staufferfett geschmiert.

Die auf Abb. 145 dargestellte Sperradbremse hat ein innen verzahntes Sperrwerk und zwei um die halbe Teilung versetzte Klinken, die durch ein Reibzeug gesteuert werden.

b) Sperradbremsen mit Reibungsgesperre (Klemmgesperre).

Anwendung hauptsächlich bei den Hubwerken der Hafendrehkrane für Stückgutverladung (Tragkraft 2,5 bzw. 3 t).

Das Reibungsgesperre erhält am besten inneren, keilnutenförmigen Eingriff der Klinken (s. S. 11). Gestaltung der Bremse nach Art von Abb. 146.

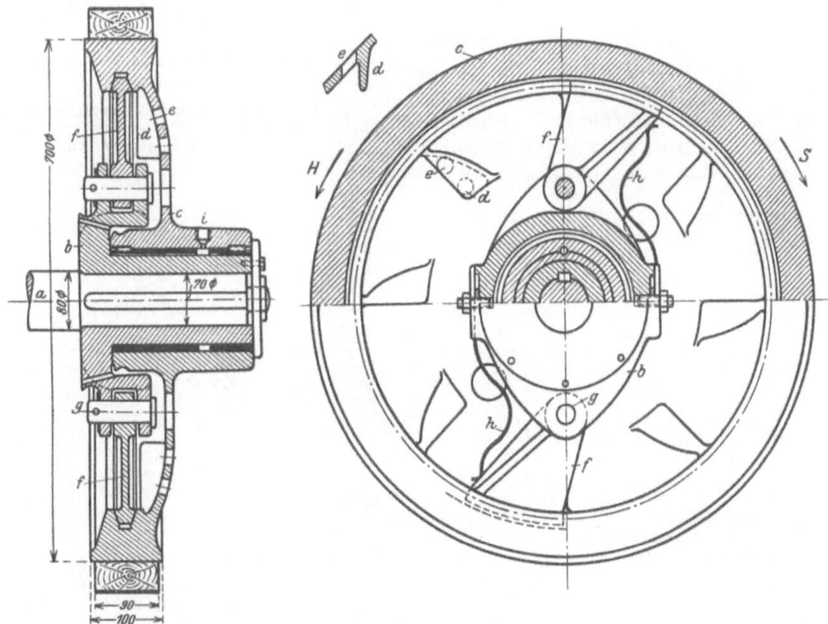

Abb. 146. Sperradbremse mit Reibungsklinken (Eisenwerk, vorm. Nagel & Kämp, Hamburg).

a Welle, *b* doppelarmiger Hebel, auf *a* aufgekeilt, *c* Bremsscheibe, lose auf der Nabe von *b* laufend, *d* Kühlrippen, *e* Löcher an *c*, *f* Klinken, in die keilnutförmige Ausdrehung der Bremsscheibe eingreifend, *g* Klinkenbolzen, *h* Blattfedern, die Klinken in Eingriff haltend, *i* Stauffer-Schmierung.

Die beiden Reibungsklinken haben ihre Drehpunkte an einem doppelarmigen Hebel, der auf der Bremswelle aufgekeilt ist. Die Bremsscheibe sitzt lose auf der Nabe des Doppelhebels und ist wegen der fliegenden Anordnung und der ungünstigen Beanspruchung durch die Klinkendrucke mit Rippen versteift. Von besonderem Interesse ist bei der Bremse die Herstellung der Klinken (Werkstoff: Stg), die zu acht oder zehn Stück zusammengegossen (Abb. 147) und dann bearbeitet werden.

Die Herstellerfirma verwendet die Bremse als Hubwerkbremse für Dampfkrane und für elektrische Hafendrehkrane (Stückgutkrane) bis 5 t Tragkraft.

Als Hubwerkbremse für elektrische Hafendrehkrane (Abb. 148) wird sie mit dem Handhebel der Hubsteuerwalze gekuppelt und als mechanische Senkbremse verwendet.

Arbeitsweise der Bremse (Abb. 148).

1. Heben. Der Steuerhebel wird nach rechts ausgelegt und der Hubmotor eingeschaltet. Wegen des Schlitzes in der Druckstange e des Bremsgestänges bleibt die Bremse angezogen und die Scheibe

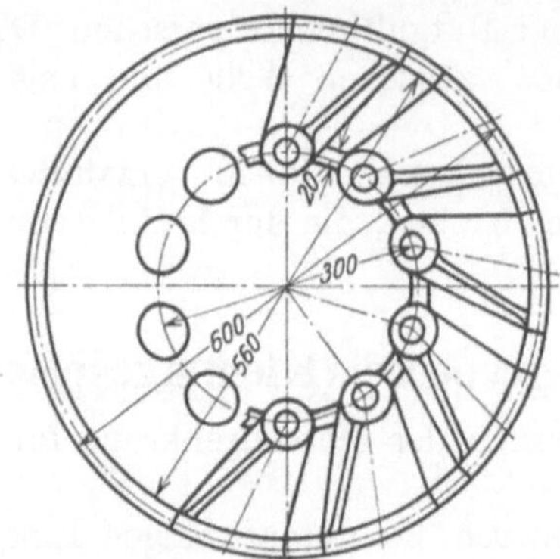

Abb. 147. Gemeinsamer Abguß mehrerer Klinken.

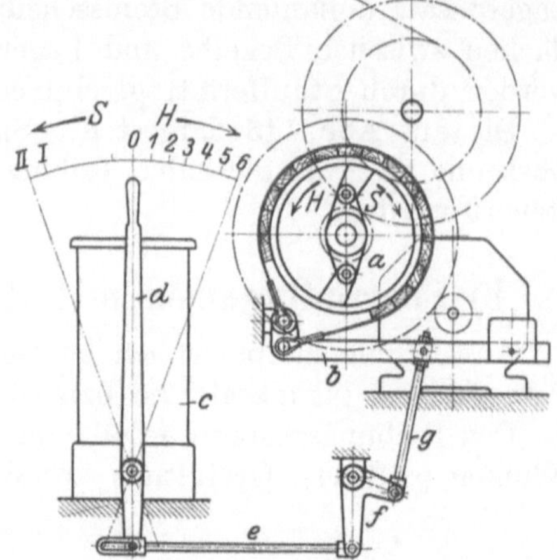

Abb. 148. Hubwerkbremse zu einem Hafendrehkran.

a Reibungsklinkenbremse, b' gewichtbelasteter Bremshebel, c Steuerwalze, d Handhebel zu c, e—g Gestänge b mit d verbindend.

steht still. Die Bremswelle dreht sich im Linkssinne und die Klinken gleiten in der Keilnutenrille der Bremsscheibe (Abb. 147) fort und die Last wird gehoben.

2. Lasthalten. Durch Zurücklegen des Steuerhebels in die Nullage (Mittellage) wird der Motor abgeschaltet. Die Bremswelle wird durch den Lastzug im Senksinne

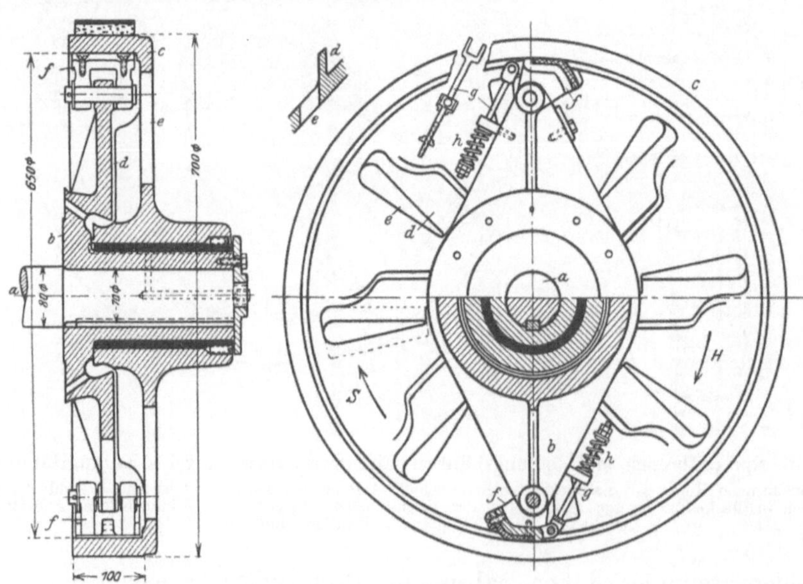

Abb. 149. Reibungsklinkenbremse von 700 mm Durchmesser (Eisenwerk vorm. Nagel & Kämp), Hamburg

a Bremswelle, b doppelarmiger Hebel, auf a aufgekeilt, c Bremsscheibe, lose auf der Nabe von b laufend, d Ventilationsrippen, e Löcher an der Scheibe, f mit Ferodofibre belegte Klinken, gelenkig an b angeordnet, g Gabelstange mit Zylinderteder h, die Klinke in Eingriff haltend.

(rechts auf Abb. 148) gedreht, die Klinken greifen ein und stützen durch ihre Klemmwirkung die Last bei angezogener Bremse ab.

3. Senken. Der Steuerhebel wird nach links ausgelegt und die Bremse gelüftet. Motoranker und Triebwerk werden von der Last durchgezogen. Bremsscheibe und Welle sind durch das Gesperre miteinander gekuppelt und laufen im Rechtssinne um. Die Senkgeschwindigkeit der Last ist durch mehr oder weniger starkes Lüften der Bremse regelbar. Leichte, nicht durchziehende Lasten oder der leere Haken werden dadurch gesenkt, daß der Steuerhebel ganz nach links ausgelegt wird. In diesen Stellungen (*I—II*) ist der Motor im Senksinne geschaltet, so daß leichte Lasten und der leere Haken beschleunigt gesenkt werden.

An Stelle der Bremse mit keilnutenförmigem Eingriff und federbelasteten Klinken (Abb. 147) verwendet die Firma in neuerer Zeit die Bauart Abb. 149. Bei dieser Bremse haben die Klinken planen Eingriff und sind mit Ferodofibre belegt. Sie werden durch eine Zylinderfeder und eine Gabelstange in Eingriff gehalten.

IV. Sicherheitskurbeln.

Bei den Handwinden mit Stirnräderübersetzung gefährden die während des Lastsenkens herumschlagenden Kurbeln die Bedienungsmannschaft.

Die Winden erhalten daher je nach ihrer Bauart eine ausrückbare Kurbelwelle, die während des Lastsenkens stillgelegt wird, oder sie werden mit Sicherheitskurbeln ausgerüstet.

Nach der Arbeitsweise unterscheidet man Sicherheitskurbeln, bei denen die Kurbel während des Lastsenkens dauernd im Senksinne gedreht wird (einfache Sicherheitskurbeln) und solche, bei denen die Kurbel zunächst um einen kleinen Betrag (um das Lüftspiel) im Senksinne gedreht wird und dann während des Senkvorganges stillsteht.

a) Einfache Sicherheitskurbeln (Sicherheitskurbeln mit zwangsläufigem Lastsenken).

Die einfache Sicherheitskurbel (Abb. 150) entspricht in baulicher Hinsicht der Westonschen Gewinde-Lastdruckbremse (s. S. 74), nur tritt bei ihr an Stelle des Ritzels mit der Druckscheibe die Kurbel. Das Ritzel selbst ist auf der Kurbelwelle aufgekeilt oder bei Zahnstangengewinden aus einem Stück mit ihr gefertigt.

Der am Ritzel wirkende Rücktrieb der Last ruft im Gewinde einen Längsdruck hervor, durch den Kurbel, Sperrad und Welle miteinander gekuppelt werden. Der Längsdruck selbst wird durch einen Bund oder eine Druckscheibe an den Lagern der Welle aufgenommen und geht daher nicht in das Triebwerk über.

Beim Lastheben werden die gekuppelten Teile im Rechtssinne gedreht (Abb. 150), wobei die Sperradzähne unter der stets im Eingriff befindlichen Klinke fortbewegt werden.

Hört der Antriebkraft auf, so werden sie durch den Lastdruck so lange entgegengesetzt (im Linkssinne) gedreht, bis der nächste Sperradzahn an der Klinke anliegt und die Last festgehalten ist.

Zum Lastsenken wird die Kurbel im Senksinne (links) gedreht und um den einstellbaren Lüftweg nach rechts verschoben. Hierdurch wird der Reibungsschluß aufgehoben. und die Last geht nieder. Sobald jedoch die Geschwindigkeit der Bremswelle größer als die Geschwindigkeit der stets im Senksinne gedrehten Kurbel wird, wird diese wieder gegen die Sperrscheibe gepreßt und die Bremse wird so lange angezogen, bis Kurbel und Welle wieder gleiche Umlaufgeschwindigkeit haben.

Bei diesem zwangsläufigen Lastsenken wird keine Bremsarbeit geleistet, da durch das Rückwärtsdrehen der Kurbel nur ein ständiges Lüften und Schließen der Bremse entsteht.

Um eine sichere Bremswirkung beim Lastniedergang zu erreichen, ist es Bedingung, daß bei Vorlaufen der Welle gegenüber der Kurbel die zum Schließen der

Bremse erforderliche Relativbewegung der Schraubenmutter (Kurbelnabe) zur
Spindel gewahrt bleibt. Das Moment der Gewindereibung muß daher wesentlich
kleiner als das der Kurbelmasse sein.

Eine etwaige Vergrößerung der Kurbelmasse durch Anordnung eines Gegengewichtes hat einen gleichförmigeren
Umlauf und damit eine gleichmäßigere
Bremswirkung zur Folge.

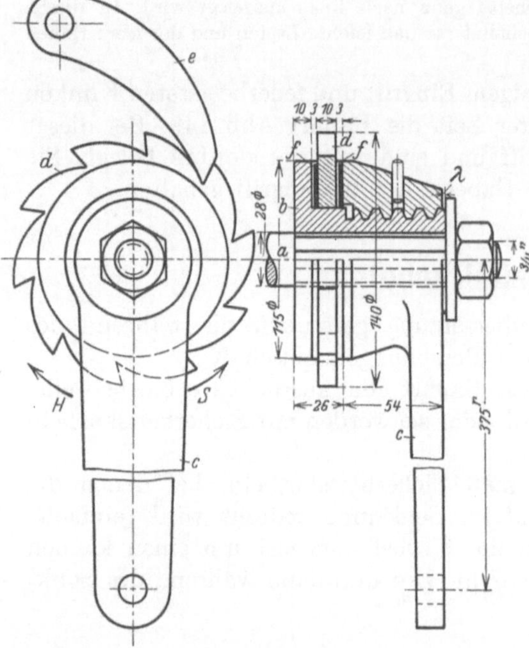

Abb. 150. Sicherheitskurbel zu einer Zahnstangenwinde von 20 t Tragkraft (F. Piechatzek, Berlin).

a Antriebwelle, b Gewindebüchse mit Druckscheibe auf dem
Vierkant der Welle sitzend, c Handkurbel, auf dem Gewinde von b sitzend, d Sperrad, lose auf b, e Sperrklinke,
f Leder- oder Ferodoscheiben.

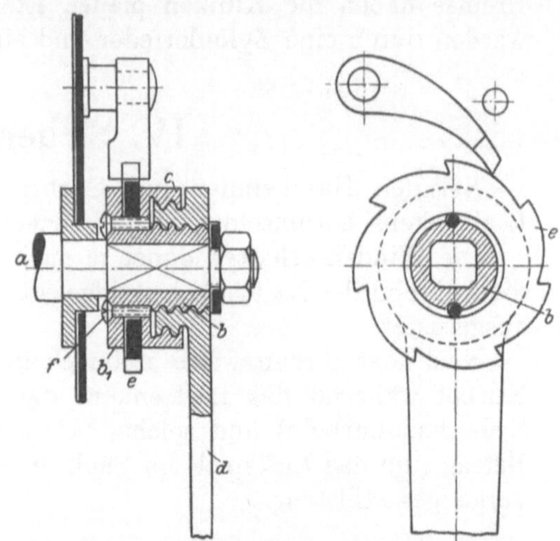

Abb. 151. Sicherheitskurbel Bauart Gebr. Dickertmann, Bielefeld.

a Antriebwelle, b Büchse mit Rechtsgewinde und Gegenscheibe b_1, auf dem Vierkant von a sitzend, c Mutter mit
Linksgewinde, d Kurbel, e Sperrad, f Schraubenstifte in
der Gegenscheibe, die Andruckmutter c arretierend.

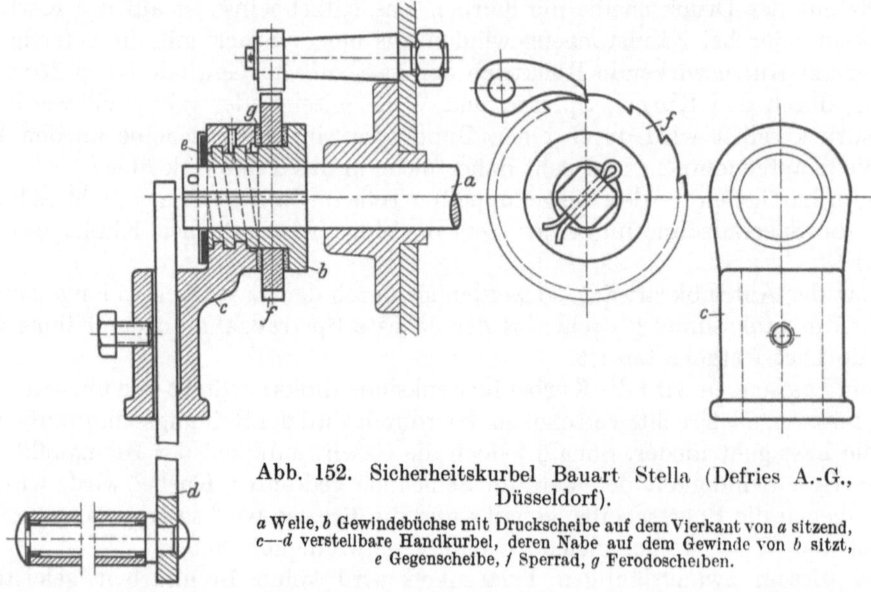

Abb. 152. Sicherheitskurbel Bauart Stella (Defries A.-G.,
Düsseldorf).

a Welle, b Gewindebüchse mit Druckscheibe auf dem Vierkant von a sitzend,
c—d verstellbare Handkurbel, deren Nabe auf dem Gewinde von b sitzt,
e Gegenscheibe, f Sperrad, g Ferodoscheiben.

Bei der auf Abb. 151 dargestellten Sicherheitskurbel wird eine schnellere Bremswirkung durch die Anwendung eines zweifachen Gewindes an der Kurbelnabe (innen
links-, außen rechtsgängig) erreicht.

Die Sicherheitskurbel Bauart Stella (Abb. 152) hat eine verstellbare Handkurbel und ermöglicht daher durch Verkleinern des Kurbelarmes ein schnelleres Senken der Last.

Sie wird für Handkabelwinden von 600 bis 15000 kg Tragkraft angewendet. Kurbelwellendurchmesser $d = 25$ bis 52 mm. Vierkant, auf dem die Kurbel sitzt: 20×20 bis 45×45 mm.

b) Sicherheitskurbeln mit Lüftbremse.

Sie stellen eine Vereinigung von Kurbel, Bremse und Sperrwerk dar und erfordern, im Gegensatz zu den „einfachen Sicherheitskurbeln", kein zwangsläufiges Senken der Last. Die als Bremshebel dienende Kurbel wird beim Lastsenken um einen kleinen Betrag rückwärts (im Senksinne) gedreht und die Bremse durch Aufheben des Reibungsschlusses gelüftet. Durch mehr oder weniger starkes Lüften der Bremse ist die Senkgeschwindigkeit — bis zum Freifall der Last — regelbar. Damit bei unsachgemäßer Bedienung ein Abstürzen der Last vermieden wird und die Senkgeschwindigkeit innerhalb der zulässigen Grenze bleibt, werden die Sicherheitskurbeln mit einer Fliehkraftbremse vereinigt. Siehe S. 69 unter Fliehkraftbremsen.

Bei der Sicherheitskurbel Abb. 153 ist die Bremse eine Spreizbandbremse, deren hohlzylindrische Scheibe auf der Welle aufgekeilt ist. Das Sperrrad hat eine seitlich angegossene Scheibe und sitzt lose auf der Bremsscheibennabe. Seine Klinke ist am Windengestell drehbar angeordnet. Das Spreizband ist unter Spannung in die Scheibe eingesetzt. Es ist einerseits an der Sperradscheibe und andererseits an dem Hebel der lose auf der Welle sitzenden Kurbel gelenkig befestigt.

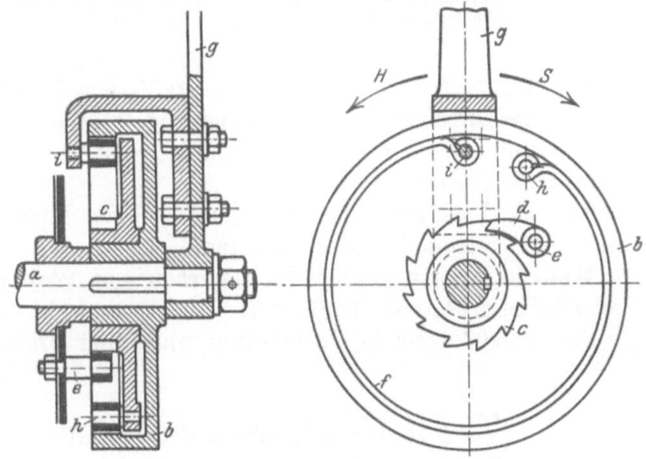

Abb. 153. Sicherheitskurbel mit Lüftbremse.

a Kurbelwelle, *b* Bremsscheibe auf *a* aufgekeilt, *c* Sperrad, lose auf der Nabe von *b* sitzend, *d* Klinke, *e* Klinkenbolzen, am Windengestell befestigt, *f* Spreizband, *g* Handkurbel, lose auf *a* sitzend, *h* Befestigung des Spreizbandes an der Sperradscheibe, *i* Befestigung an der Kurbel.

Die Vorspannung des Spreizringes ist so groß gewählt, daß die Reibung in der Bremsfläche zum Lasthalten ausreicht.

Beim Heben sind Kurbel, Sperrad und Bremsscheibe miteinander gekuppelt und drehen sich mit der Welle im Linkssinne, wobei die Sperradzähne unter der Klinke vorbeigehen.

Bei Loslassen der Kurbel wird die Welle mit den gekuppelten Teilen durch den Lastzug etwas im Senksinne gedreht, bis der nächste Sperradzahn an der Klinke anliegt und die Last abgestützt ist.

Zum Senken wird die Kurbel um den einstellbaren Lüftweg nach rechts gedreht und der Reibungsschluß zwischen Spreizband und Bremsscheibe wird so weit aufgehoben, daß die Last in gleicher Weise wie bei einer Sperradbremse (s. S. 58) niedergeht.

Die Sicherheitskurbel Abb. 154 unterscheidet sich von der vorbeschriebenen dadurch, daß die Kurbel unmittelbar auf einem Vierkant der Welle sitzt, während das Vorgelegeritzel auf der Nabe der lose auf der Welle sitzenden Bremsscheibe aufgekeilt ist. Das Sperrad mit seiner angegossenen Planscheibe sitzt ebenfalls lose auf einer auf der Welle aufgekeilten Muffe. Das eine Ende des mit Vorspannung

eingebrachten Spreizbandes ist an der Sperradscheibe befestigt, das andere greift
an einem doppelarmigen Hebel an, der um einen an der Sperradscheibe befindlichen
Bolzen drehbar ist. Der doppelarmige Hebel hat eine ⊤-förmige Aussparung, durch
die die Welle geht und in die ein an der Muffe befindlicher Mitnehmerbolzen eingreift.

Beim Heben wird die Kurbel im Rechtssinne bewegt, der Mitnehmerbolzen dreht den doppelarmigen Hebel ebenfalls nach rechts und alle miteinander gekuppelten Teile — Kurbel, Welle, Sperrad und Bremsscheibe mit Ritzel — werden im Hubsinne gedreht.

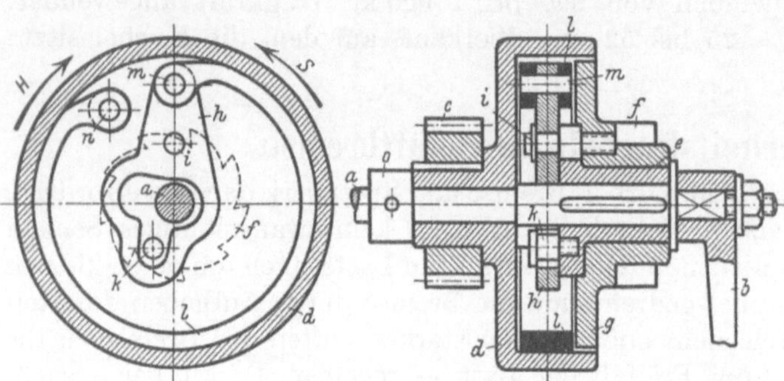

Abb. 154. Sicherheitskurbel Bauart Gebr. Weismüller, Frankfurt a. M.

a Welle, *b* Handkurbel, *c* Ritzel, *d* Bremsscheibe, *e* Büchse, auf *a* aufgekeilt,
f Sperrad mit Scheibe *g*, lose auf *e* laufend, *h* doppelarmiger Hebel, um den Bolzen
i drehbar, *k* Bolzen an *e* in die Aussparung von *h* eingreifend, *l* Spreizring,
m Spreizringbolzen an *h*, *n* desgl. an *g*, *o* Stellring.

Bei Aufhören der Antriebskraft dreht der Lastdruck das Ritzel und damit die
übrigen gekuppelten Teile in entgegengesetztem Sinne (Linkssinn) und der Reibungsschluß zwischen Spreizband und Bremsscheibe hält die gegen die Sperrklinke
abgestützte Last fest.

Soll die Last gesenkt werden, so wird die Kurbel etwas im Senksinne gedreht
und die Spreizbandbremse wird gelüftet.

Weitere Bauarten: Sicherheitskurbel von Weidtmann (mit Kegelbremse). —
Sicherheitskurbel von Becker u. a.

Sicherheitskurbel in Verbindung mit einer Fliehkraftbremse s. Abb. 159 S. 69.

V. Fliehkraftbremsen (Zentrifugalbremsen).

Sie werden bei Handwinden mit Stirnräderübersetzung angewendet und haben
die Aufgabe, die Geschwindigkeit der sinkenden Last bei vollgeöffneter Sperradbremse oder Sicherheitskurbel selbsttätig zu regeln und ein Abstürzen der Last zu
verhindern.

Fliehkraftbremse und Sperradbremse oder Sicherheitskurbel werden vielfach baulich miteinander vereinigt.

a) Fliehkraftbremse Bauart Stauffer.

Das hohlzylindrische Gehäuse *a* ist feststehend oder an einem Lager des Hebezeuges angebaut (Abb. 155), während die Planscheibe *b* auf der Welle aufgekeilt
ist. In dem hohlzylindrischen Gehäuse befinden sich sechs oder acht Bleiklötze *c*,
die sektorartig gestaltet sind. Diese Klötze werden von einer Ringfeder *d* umspannt, die einen Lederbelag *e* hat. An der Planscheibe ist ein Mitnehmer *f* befestigt, der in den Raum zwischen den beiden umgebogenen Enden der Ringfeder eingreift. Bei stillstehender Bremswelle sitzen die Bremsklötze auf der Nabe
der Mitnehmerscheibe und zwischen Lederbelag und Gehäuse ist Spielraum. Durch
den Mitnehmer werden die Klötze gezwungen, an der Drehbewegung (sowohl beim
Heben wie auch beim Senken) teilzunehmen. Läuft die Bremse im Senksinne um,
und ist eine bestimmte Drehzahl der Welle erreicht, so überwindet die Fliehkraft
der Klötze die Federkraft. Die Ringfeder wird gespreizt und gegen die Hohlzylinder-

fläche des Gehäuses gedrückt, an der sie einen Reibungswiderstand hervorruft, der
mit zunehmender Drehzahl steigt.

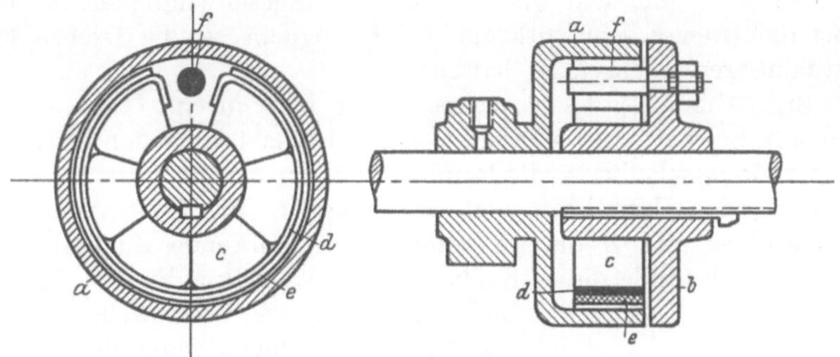

Abb. 155. Fliehkraftbremse Bauart Stauffer.

Die Bremse wird für eine zulässige Senkgeschwindigkeit von 0,5 bis 0,7 m/sek
berechnet. Sie hat den Nachteil, daß die ohne Hebelübersetzung wirkenden Fliehklötze schwer ausfallen.

b) Fliehkraftbremse Bauart Becker.

Die Beckersche Fliehkraft- oder Geschwindigkeitsbremse[1] (Abb. 156) ist die be-
kannteste und am meisten angewendete Bauart.

Die hohlzylindrische Bremsscheibe a ist am Windengestell oder an einem benach-
barten Lager angebaut. Auf der Bremswelle b ist die Planscheibe c aufgekeilt, an der
die drei Fliehklötze d bei e drehbar angeordnet sind. An den Enden der Fliehklötze,
die ihre Reibungsfläche bei f haben, greifen Zugstangen g an, die mit dem lose auf

der Planscheibennabe sitzenden Ring i
gelenkig verbunden sind. Die Spiralfeder h ist einerseits an der Planscheibennabe und andererseits an
dem Ring befestigt. Durch die Federkraft der Spiralfeder wird der Ring
derart gegen die Welle verdreht, daß
die Klötze nach innen gezogen werden und gegen die hohlzylindrische
Fläche der Bremsscheibe Spielraum
haben.

Die Spiralfeder wird so bemessen,
daß die Bremse bei der kleineren
Hubdrehzahl der Welle außer Eingriff bleibt.

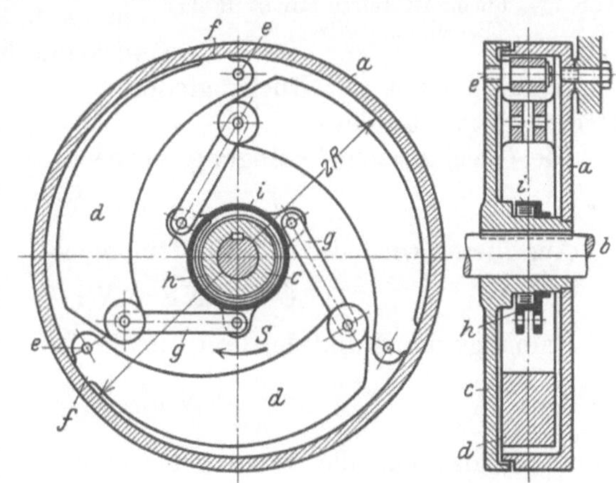

Abb. 156. Fliehkraftbremse Bauart Becker.

Tritt während des Senkens (bei
voll gelüfteter Sperradbremse) eine unzulässig hohe Geschwindigkeit auf, so läuft
die Bremswelle mit einer entsprechend hohen Senkdrehzahl, die Fliehklötze schlagen
aus, überwinden die Federkraft und drücken gegen die hohlzylindrische Fläche der
festen Bremsscheibe. An dieser rufen sie einen Reibungswiderstand hervor, durch den
der Lastniedergang verzögert wird.

Die Drehzahl, bei welcher die Bremswirkung eintreten soll, ist von der Federkraft bzw. der Bemessung der Feder innerhalb gewisser Grenzen abhängig und einstellbar. Auch lassen sich durch geeignete Wahl des Bremsscheibendurchmessers,

---

[1] E. Becker, Maschinenfabrik, Berlin-Reinickendorf (Ost).

5*

des Klotzgewichtes und der Hebelübersetzung sehr verschiedene Bremswirkungen erzielen.

Da die Bremskraft mit dem Quadrat der Umlaufgeschwindigkeit der Bremswelle steigt, so ist die Bremse sehr wirksam und ermöglicht es, die Drehzahl in engen, vorher bestimmbaren Grenzen zu halten.

Berechung (Abb. 157). Es bezeichnen in kg bzw. in cm: G das Gewicht eines Klotzes, r dessen Schwerpunktsabstand von der Drehachse, N den Normaldruck des Klotzes an der Bremsscheibe, μ die Reibungszahl an der Bremsfläche, $N\mu$ die von einem Klotz an der Bremse erzeugte Reibung, C die Zentrifugalkraft (Fliehkraft) eines Klotzes und Z die an jedem Klotz wirkende Zugkraft der Feder; a, b, c und e die Abstände dieser Kräfte vom Klotzdrehpunkt I, n die augenblickliche Drehzahl der Bremswelle in der Min., v die Umfangsgeschwindigkeit der Klötze im Abstand r von der Wellenachse in m/sek, g die Erdbeschleunigung in m/sek² und m die Masse eines Klotzes.

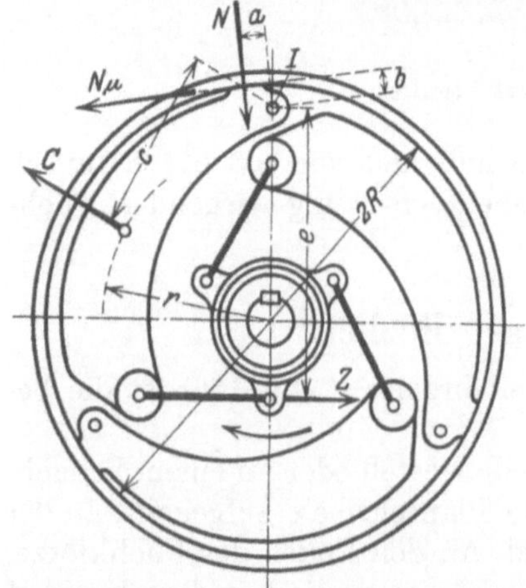

Abb. 157. Fliehkraftbremse Bauart Becker (Berechnungsskizze).

Die am Klotzschwerpunkt angreifende Fliehkraft ist:

$$C = m \cdot \frac{v^2}{r} = \frac{G}{g} \cdot \frac{v^2}{r} \cdots \text{kg};$$

$$v = \frac{2\,r\,\pi \cdot n}{60} \cdots \text{m/sek}.$$

$$C \approx \frac{G}{10} \cdot \frac{4 \cdot r^2 \cdot \pi^2 \cdot n^2}{100 \cdot 3600 \cdot r} \approx \frac{G \cdot r \cdot n^2}{90\,000} \cdots \text{kg}. \quad (89)$$

Auf einen Bremsklotz wirken vier Momente ein (Abb. 157): das im Sinne des Uhrzeigers wirkende Fliehkraftmoment, das entgegengesetzt wirkende Moment der Rückzugfeder, das Moment des Normaldruckes und das des Reibungswiderstandes.

Die Gleichgewichtsbedingung, bezogen auf den Klotzdrehpunkt, lautet:

$$C \cdot c - N \cdot a - N\mu \cdot b - Z \cdot e = 0. \quad (90)$$

Aus dieser wird das Fliehkraftmoment:

$$C \cdot c = Na + N\mu \cdot b + Z \cdot e \ldots \text{kgcm}. \quad (91)$$

Reibungswiderstand der drei Fliehkraftklötze zusammen:

$$3N\mu \geqq U = \frac{M}{R} \cdots \text{kg}, \quad (92)$$

wobei M das auf die Bremswelle umgerechnete Vollastmoment der Winde bedeutet.

Durch die Vereinigung von Gl. 89, 91 u. 92:

$$\frac{G \cdot r \cdot n^2}{90\,000} \cdot c = \frac{M \cdot a}{3\,\mu\,R} + \frac{M \cdot b}{3\,R} + Z \cdot e \quad (93)$$

wird die höchste Drehzahl erhalten zu:

$$n = 300 \sqrt{\frac{\frac{U}{3} \cdot \left(\frac{a}{\mu \cdot c} + \frac{b}{c}\right) + Z \cdot \frac{e}{c}}{G \cdot r}} \cdots \text{i. d. Min.} \quad (94)$$

Beispiel: Für eine Bremse von $2\,R = 400$ mm Durchmesser, die Hebelübersetzungen: $\dfrac{a}{c} = \dfrac{b}{c} = \dfrac{1}{8}$ und $\dfrac{e}{c} = \dfrac{3}{2}$, das Klotzgewicht $G = 12$ kg, dessen Abstand $r = 150$ mm, die Federkraft $Z = 9$ kg und die Reibungszahl $\mu \approx 0{,}1$ (geschmierte Bremsflächen) sind die Drehzahlen der Bremswelle für die Voll-last, ¾-Last, ½-Last, ¼-Last und Leerlast entsprechenden Momente

$$M = 1200,\quad 900,\quad 600,\quad 400\ \text{und}\ 0\ldots\text{kgcm}$$

zu berechnen.

Durch Einsetzen der vorstehenden Werte und Momente in Gl. (94) werden folgende Drehzahlen der Bremswelle erhalten:

$$n = 147,\quad 134,\quad 120,\quad 103$$

und

$$82\ \text{i. d. Min.,}$$

die auf Abb. 158 zeichnerisch dargestellt sind.

Das Beispiel läßt erkennen, daß die Drehzahl der Bremswelle und damit die Senkgeschwindigkeit mit ab-

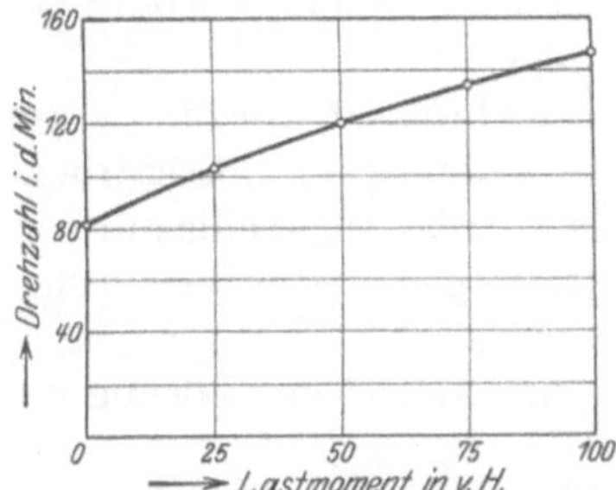

Abb. 158. Abhängigkeit der Drehzahl vom Drehmoment.

nehmender Last kleiner wird. Da jedoch das Umgekehrte erwünscht ist, so ist dies ein wesentlicher Nachteil der Fliehkraftbremse, der sich baulich nicht vermeiden läßt.

Wegen ihrer kleinen Reibflächen kann die Bremse nur kleine Reibungsleistungen aufnehmen und ist daher in ihrer Anwendung auf Handhebezeuge beschränkt, bei denen sie auf der Antriebswelle (Kurbel- oder Haspelradwelle) angeordnet wird.

Ausführung. Die Beckersche Fliehkraftbremse wird in vier Größen mit $2\,R = 250$, 300, 350 und 400 mm Durchmesser hergestellt. Klotzgewicht: $G = 9$ bis $14\,\text{kg}$. Zugkraft der Feder: $3\,Z = 15$ bis $21\,\text{kg}$. Übersetzungen (Abb. 157): $a = b = 30$ bis $50\,\text{mm}$; $\dfrac{a}{c} = \dfrac{b}{c} = \dfrac{1}{12}$ bis $\dfrac{1}{8}$; $\dfrac{e}{c} = \dfrac{3}{2}$.

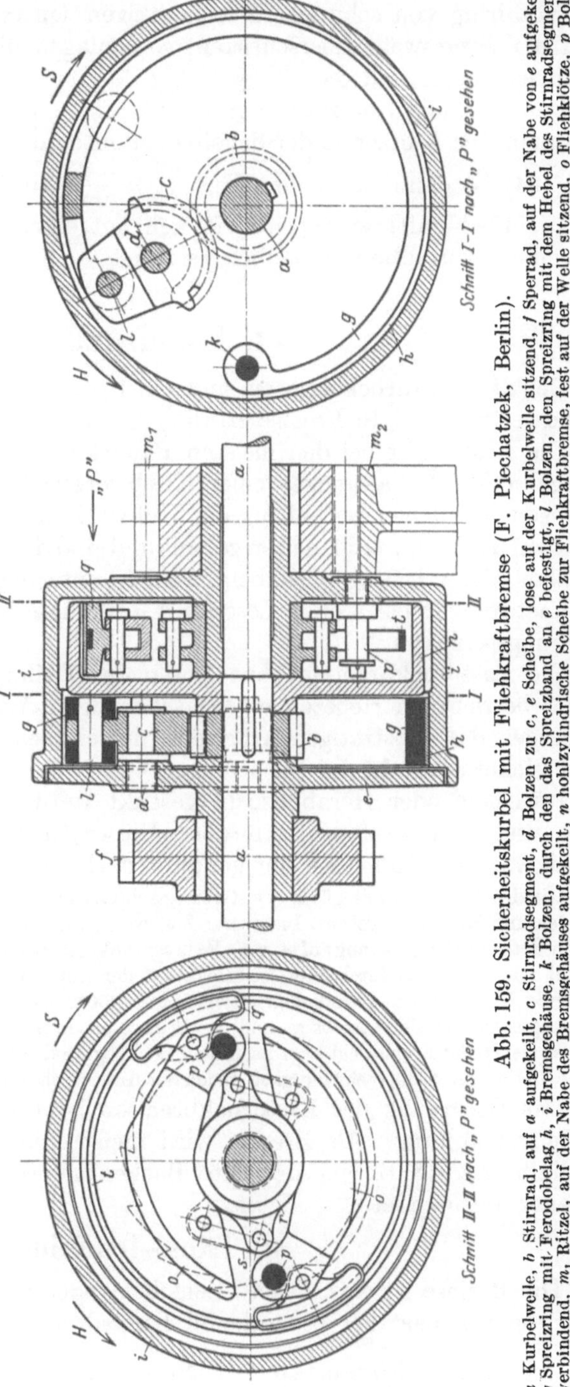

Abb. 159. Sicherheitskurbel mit Fliehkraftbremse (F. Piechatzek, Berlin). a Kurbelwelle, b Stirnrad, auf a aufgekeilt, c Stirnradsegment, d Bolzen zu c, e Scheibe, lose auf der Kurbelwelle sitzend, f Sperrad, auf der Nabe von e aufgekeilt, g Spreizring mit Ferodobelag h, i Bremsgehäuse, k Bolzen, durch den das Spreizband an e befestigt, l Bolzen, den Spreizring mit dem Hebel des Stirnradsegmentes verbindend, m_1 Ritzel, auf der Nabe des Bremsgehäuses aufgekeilt, n hohlzylindrische Scheibe zur Fliehkraftbremse, fest auf der Welle sitzend, o Fliehklötze, p Bolzen zu o, am Bremsgehäuse i befestigt, q Bremsklötze mit Ferodobelag, an den Fliehklötzen gelenkig angeordnet, r Doppelhebel, lose auf der Innennabe von i sitzend, s Gelenkstangen r und o verbindend, t Federring, die Fliehklötze außer Eingriff haltend.

In Rücksicht auf die mit der Zeit auftretende Abnützung erhalten die Fliehklötze auswechselbare, schwalbenschwanzförmig eingesetzte Schleifbacken.

Die Schleifbacken sind bei der Fliehkraftbremse auf Abb. 159 gelenkig an den
Fliehklötzen angeordnet und zur Erhöhung der Reibung mit Leder oder Ferodofibre
bewehrt. Die die Klötze im Gleichgewicht haltende Feder ist bei dieser Ausführung
ein Stahlring von schwachem rechteckigen Querschnitt. Wird die zulässige Drehzahl der Bremswelle überschritten, so schlagen die Fliehklötze aus, der Federring
wird deformiert und die Bremsbacken kommen zum Anliegen.

Der Reibungswiderstand der Fliehkraftbremse läßt sich auch dadurch steigern,
daß man den Klötzen in der Scheibe keilnutenförmigen Eingriff gibt. In den Gl. (92)
und (94) ist dann für μ der Wert $\mu_1 = \dfrac{\mu}{\sin \alpha}$ zu setzen.

Die Fliehkraftbremse wird vielfach mit einer Sicherheitskurbel (Abb. 159) oder
mit einer Sperradbremse baulich vereinigt.

VI. Lastdruckbremsen.

Bei den Lastdruckbremsen sind ein Sperrwerk und eine durch den Lastzug des
Windwerks betätigte Bremse baulich miteinander vereinigt.

Die Last wirkt bei den meisten Bauarten der Lastdruckbremsen vermittels des
Längs- oder Radialdruckes einer Triebwerkwelle auf die Bremse ein. Lastdruckbremsen, bei denen der Seilzug des Hubwerks die Bremse anzieht, sog. Seillastdruckbremsen (s. S. 80) werden selten gebaut und sind daher von untergeordneter Bedeutung.

Nach der Wirkungsweise beim Senken unterscheidet man:

Lastdruckbremsen ohne Lösen des Reibungsschlusses und solche mit Lösung des
Reibungsschlusses.

Die Lastdruckbremsen ohne Lösen des Reibungsschlusses werden bei den von
Hand betriebenen Hebezeugen (Flaschenzügen, Wandwinden usw.) verwendet. Den
Vorzügen des selbsttätigen Arbeitens, der einfachen Bedienung und der großen Betriebssicherheit steht der Nachteil gegenüber, daß die Last zwangsläufig durch Rückwärtskurbeln oder Herabhaspeln gesenkt werden muß, was einen entsprechenden
Zeit- und Arbeitsaufwand erfordert. Dieser Nachteil ist jedoch bei den verhältnismäßig kleinen Hubhöhen der genannten Hebezeuge belanglos.

Lastdruckbremsen mit Lösen des Reibungsschlusses wurden früher vielfach bei elektrisch betriebenen
Winden und Kranen eingebaut. In neuerer Zeit werden sie nur noch bei elektrischen Kleinhebezeugen angewandt, deren Motorleistung auf etwa 5 kW beschränkt ist. Bei diesen Lastdruckbremsen wird der Reibungsschluß beim Senken dadurch teilweise gelöst, daß der Motor im Senksinne eingeschaltet wird. Hat nun die
sinkende Last eine Geschwindigkeit erreicht, die größer als die Antriebsgeschwindigkeit ist, so wird der
Reibungsschluß wieder vergrößert und die Senkgeschwindigkeit vermindert. Dieses wechselweise Lüften
und Anziehen der Bremse hat kurz nach dem Senkbeginn das Eintreten eines Gleichgewichtszustandes zur
Folge, in dem die Senkgeschwindigkeit gleich der Antriebsgeschwindigkeit ist.

Das Sperrwerk der Lastdruckbremsen ist fast allgemein ein Zahngesperre mit
Außenverzahnung. Als Bremse wird meist eine Längsdruckbremse gewählt. Eine
Radialbremse (z. B. eine doppelte Backenbremse mit innerem Backenangriff) wird
seltener angewendet.

a) Längsdruckbremsen.

Die Bremse ist eine Kegel-, Scheiben- oder Lamellenbremse (s. S. 57), die durch
den von der Last hervorgerufenen Längsdruck der Bremswelle betätigt wird.

1. Lastdruckbremsen für Schneckenwinden (Drucklagerbremsen).

Sie werden bei den Schraubenflaschenzügen, Wandwinden und Schneckenlaufkatzen angewendet. Das Schneckengetriebe ist in Rücksicht auf einen guten Wirkungsgrad doppelgängig und hat einen Steigungswinkel von $\alpha = 15^0$ bis 20^0.

Der durch das Rücktriebmoment der Last auf die Schneckenwelle ausgeübte Längsdruck wird zur Betätigung der Bremse nutzbar gemacht, die an Stelle des sonst erforderlichen Drucklagers tritt.

Abb. 160 zeigt die an einem Schraubenflaschenzug eingebaute Drucklagerbremse Bauart Becker.

Die Bremse ist eine Kegelbremse, deren Vollkegel mit der Schneckenwelle aus einem Stück gefertigt ist. Der Hohlkegel ist als Sperrad ausgebildet und in einer Spurpfanne gelagert, die vermittels einer Druckschraube den Längsdruck der Welle aufnimmt. Die Sperrklinke ist an der Spurpfanne angeordnet und wird durch eine Blatt- oder Spiralfeder in Eingriff gehalten.

Arbeitsweise der Bremse:

1. Heben. Durch den Lastzug bzw. den Längsdruck der Schneckenwelle sind Voll- und Hohlkegel miteinander gekuppelt und werden durch Ziehen an der Haspelkette im Hubsinn (Rechtssinn Abb. 160) gedreht.

2. Lasthalten. Bei Aufhören der Antriebskraft dreht der Lastzug die Schneckenwelle im Senksinn (Linkssinn Abb. 160), der nächste Sperradzahn legt sich gegen die Klinke, die ihrerseits die Last abstützt.

3. Senken. Durch Ziehen am anderen Strang der Haspelkette wird die Kegelreibung überwunden, der Vollkegel dreht sich im Linkssinne in dem durch die Sperrklinke festgehaltenen Hohlkegel und die Last geht abwärts.

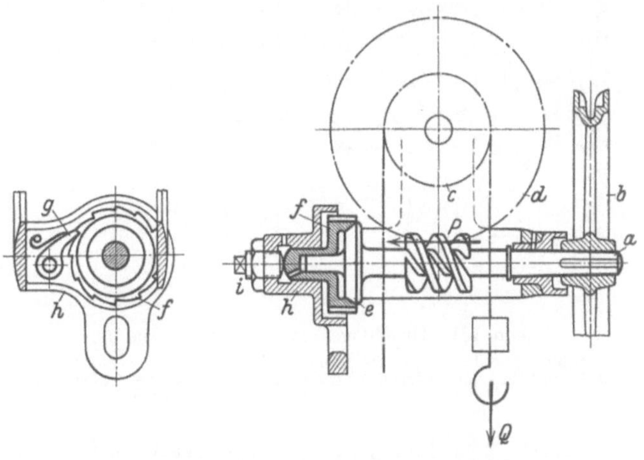

Der Reibungswiderstand der Bremse ist stets der Lastgröße verhältnisgleich. Damit er der schwebenden Vollast das Gleichgewicht hält, muß sein Moment gleich oder größer als das auf die Bremswelle umgerechnete Rücktriebmoment der Last sein. Bei den Ausführungen wird das Reibungsmoment aus Sicherheitsgründen wesentlich größer angenommen.

Abb. 160. Drucklagerbremse Bauart Becker.

a Schneckenwelle mit Haspelrad *b*, *c* Kettennuß, *d* Schneckenrad, *e* Vollkegel mit der Welle aus einem Stück gefertigt, *f* Hohlkegel mit Sperrad, *g* Federbelastete Sperrklinke, *h* Spurpfanne, *i* Druckschraube.

Bezeichnen mit Bezug auf Abb. 160 P den Längsdruck der Schneckenwelle gleich dem Zahndruck des Getriebes, α den Steigungswinkel der Schnecke, R_1 deren Teilkreishalbmesser, ϱ den Reibungswinkel des Schneckengetriebes (tg $\varrho = \mu$) und W_r den Reibungswiderstand am mittleren Kegelhalbmesser R (Abb. 137, S. 57), so ist das unter Vernachlässigung der Lagerreibung ausgeübte Rücktriebmoment der Last:

$$M_l = P \cdot \text{tg}\,(\alpha - \varrho) \cdot R_1 \ldots \text{kgcm}. \tag{95}$$

Das dem Rücktriebmoment entgegenwirkende Reibungsmoment der Bremse ist:

$$M_r = W_r \cdot R = P \cdot \frac{\mu'}{\sin \gamma} \cdot R \ldots \text{kgcm}; \tag{96}$$

wobei μ' die Reibungszahl der Bremsfläche und γ den halben Kegelwinkel bedeuten.

In der Beziehung

$$P \cdot \frac{\mu'}{\sin \gamma} \cdot R \geqq P \cdot \text{tg}\,(\alpha - \varrho) \cdot R_1 \tag{97}$$

fällt der Längsdruck P heraus und es ergibt sich mit Berücksichtigung eines Sicherheitszuschlages von 20 bis 30 vH die Formel für die Bemessung der Bremse:

$$R \cdot \frac{\mu'}{\sin \gamma} = (1,2 \text{ bis } 1,3) \cdot \text{tg}\,(\alpha - \varrho) \cdot R_1. \tag{98}$$

Die Formel ist von dem Längsdruck und damit auch von der Lastgröße unabhängig. Das Schneckengetriebe wird mit Staufferfett geschmiert. Reibungszahl $\mu = \operatorname{tg} \varrho \approx 0{,}1$ bis $0{,}12$. Entsprechender Reibungswinkel $\varrho \approx 6^0$ bis 7^0. Halber Kegelwinkel $\gamma = 20^0$ bis 22^0 (Höchstwert 28^0). Für geschmierte Reibflächen werde $\mu' \approx 0{,}08$ bis $0{,}1$ gesetzt.

Zum Senken der Last ist an der Haspelradwelle ein im Senksinne wirkendes Antriebmoment erforderlich:

$$M_{as} = M_r - M_l = (0{,}2 \text{ bis } 0{,}3) \cdot P \operatorname{tg}(\alpha - \varrho) \cdot R \ldots \text{kgcm} . \qquad (99)$$

Ohne Berücksichtigung der Lagerreibung ist das Hubantriebmoment:

$$M_{ah} = P \cdot R_1 \cdot \operatorname{tg}(\alpha + \varrho) \ldots \text{kgcm} . \qquad (100)$$

Bei den Wandwinden tritt die Kurbel an Stelle des Haspelrades.

Die Drucklagerbremse Bauart Lüders[1] (Abb. 161) hat ebene Reibflächen.

Der Längsdruck der Schneckenwelle wird durch die mit ihr aus einem Stück gefertigte Kammscheibe, eine Leder- oder Ferodoscheibe, das lose auf der Welle sitzende Sperrad und eine Kammuffe auf den Druckputzen der im Flaschenzuggehäuse eingebauten Spurpfanne übertragen. Die Kammuffe ist auf der Welle lose verschiebbar und wird durch einen Federkeil gezwungen, an der Drehbewegung der Welle teilzunehmen. Die Sperrklinke ist seitlich an der Spurpfanne gelagert und ist durch eine Spiralfeder belastet.

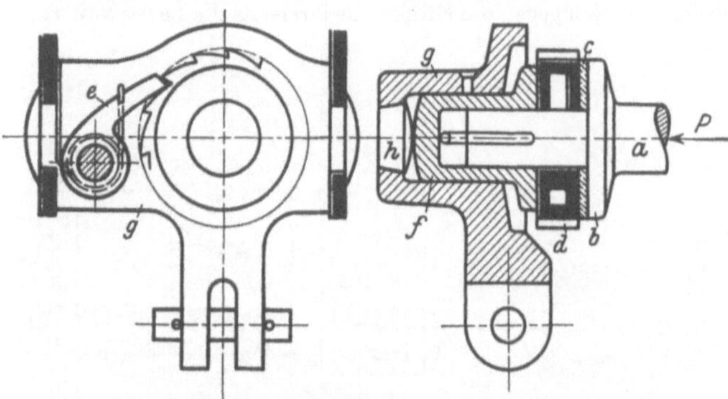

Abb. 161. Drucklagerbremse Bauart Lüders.

a Schneckenwelle mit Druckscheibe b, c Leder- oder Ferodoscheibe, d Sperrad, lose auf a sitzend, e Federbelastete Sperrklinke, f Büchse mit Druckscheibe, g Spurpfanne, h Druckputzen.

An der Bremse wirken zwei Reibungswiderstände, der kleinere zwischen Sperrad und Kammuffe und der größere zwischen der lederbewehrten Kammscheibe und dem Sperrad.

Die Wirkungsweise der Bremse ist grundsätzlich die gleiche wie bei der Beckerschen Kegelbremse.

Die Teile a bis d und f sind durch den von der Lastgröße abhängigen Längsdruck der Schneckenwelle miteinander gekuppelt und drehen sich beim Heben im Rechtssinne.

Beim Aufhören der Antriebkraft werden sie durch den Rücktrieb der Last entgegengesetzt (im Linkssinne) gedreht, der nächste Sperradzahn legt sich gegen die Klinke und der Lastniedergang wird gesperrt.

Beim Senken wird die Schneckenwelle durch das Haspelrad im Linkssinne gedreht, die Reibung an den beiden Bremsflächen (d und f) wird überwunden und die Last geht abwärts.

Die Berechnung der Bremse ist die gleiche wie die der Beckerschen Kegelbremse.

Wegen der planen Reibflächen ist der halbe Kegelreibungswinkel $\gamma = 90^0$. Da zwei Reibflächen aus verschiedenen Reibstoffen vorhanden sind, so ist das Reibungsmoment

$$M_r = W_r \cdot R = P \cdot \mu_1 R + P \mu_2 R = P \cdot R (\mu_1 + \mu_2) \ldots \text{kgcm} . \qquad (101)$$

Hierbei bedeuten μ_1 die Reibungszahl zwischen Sperrad und Kammuffe und μ_2 die Reibungszahl zwischen dem Sperrad und der lederbewehrten Kammscheibe.

Die der Gl. (85) S. 57 entsprechende Beziehung lautet daher:

$$P \cdot R (\mu_1 + \mu_2) = P \cdot \operatorname{tg}(\alpha - \varrho) \cdot R_1 . \qquad (102)$$

____

[1] F. Piechatzek, Berlin N.

Mit Berücksichtigung eines Sicherheitszuschlages von 20 bis 30 vH lautet die Formel für die Bemessung der Bremse:

$$R\,(\mu_1 + \mu_2) = (1{,}2 \text{ bis } 1{,}3) \cdot \mathrm{tg}\,(\alpha - \varrho) \cdot R_1\,. \tag{103}$$

Reibungszahlen: $\mu_1 \approx 0{,}1$ (Stahl auf Stahl, mäßig gefettet); $\mu_2 \approx 0{,}25$ (Leder bzw. Ferodofibre auf Stahl, mäßig gefettet).

Drucklagerbremse (Bremskupplung) Bauart Maxim[1] (Abb. 162).

Auf der Schneckenwelle a ist die Kammscheibe b, an einem Bund anliegend aufgekeilt. Durch den Längsdruck P der Welle werden die beiden halbringförmigen Bremsbacken c_1 und c_2 mit ihren schrägen Flächen gegen die keilförmigen Ansätze e der auf der Welle längsverschiebbaren, aber gegen Drehen auf ihr gesicherten Scheibe d gepreßt. Hierdurch werden die Bremsbacken gespreizt, gegen die hohlzylindrische Fläche der als Sperradkörper ausgebildeten Muffe f gedrückt und ein Reibungswiderstand erzeugt, der zum Bremsen herangezogen wird. Der Druck der Scheibe d wird dann ebenso wie bei der Lüdersbremse vermittels einer Leder- oder Ferodoscheibe g auf die Bremsmuffe und mittels der Spur-

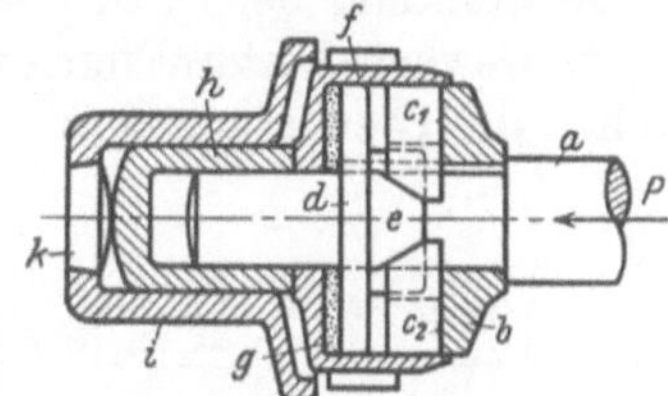

Abb. 162. Drucklagerbremse Bauart Maxim.

büchse h auf den in der Spurpfanne i eingesetzten balligen Zapfen k übertragen.

Die Arbeitsweise der Bremse ist die gleiche wie die der Lüdersbremse, nur tritt zur Planreibung noch die zylindrische Reibung zwischen den halbringförmigen Backen und der Bremsmuffe hinzu. Hierdurch wird die Bremswirkung gesteigert und die Betriebssicherheit der Bremse erhöht. Die Bremse wird stets unter Fett gehalten, so daß die Reibungszahl unveränderlich bleibt und die Abnützung der aufeinander reibenden Teile äußerst gering ist.

Lastdruckbremsen für elektrische Kleinhebezeuge.

Anwendung bei Schneckenwindwerken mit einer Motorleistung bis etwa 5 kW. Die Bremse wird in einem Gehäuse angeordnet und läuft im Ölbad. Abb. 163

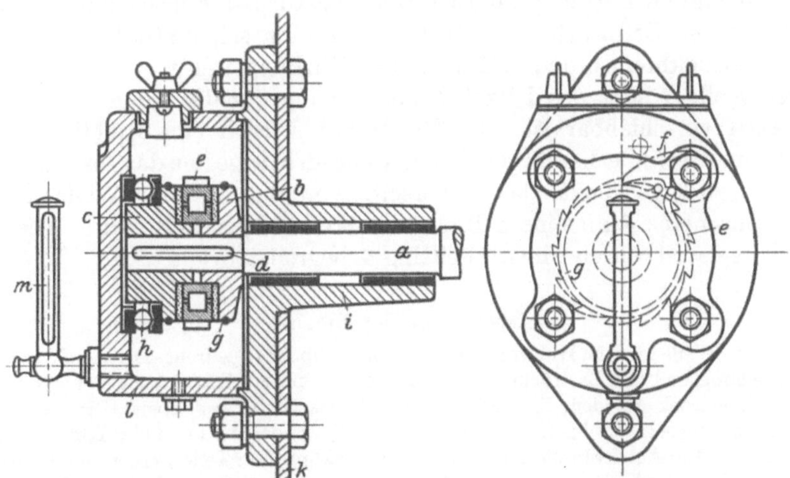

Abb. 163. Lastdruckbremse Bauart Lüders für einen Elektroflaschenzug mit Schneckengetriebe (F. Piechatzek, Berlin).

a Schneckenwelle, b—c längsverschiebbare Druckscheiben, d Federkeil, e Sperrad, lose auf den Ansätzen von b und c sitzend, f Sperrklinke, g in Rillen von b und c unter Spannung eingesetzter Ring zum Steuern der Sperrklinke, h Kugeldrucklager, i Lager zu a, an dem Gehäuseblech k befestigt, l Bremsgehäuse, m Ölstandzeiger.

---

[1] Gebr. Bolzani, Berlin.

zeigt als Beispiel die Lastdruckbremse, Bauart Lüders, für einen Elektroflaschenzug von 5000 kg Tragkraft. Die Klinke wird durch einen Federring gesteuert und beim Lastheben ausgerückt.

Ausführung der Bremse auch als Lamellenbremse (s. S. 58) mit 4 oder 6 Reibflächen, die radiale Ölnuten erhalten.

2. Lastdruckbremsen für Stirnradwinden.

Der zur Betätigung der Bremse erforderliche Längsdruck der Bremswelle fehlt bei den Stirnradwinden und muß daher künstlich — durch ein Gewinde oder durch Schrägstellen der Zähne des in Frage kommenden Stirnräderpaares — hervorgerufen werden.

Anwendung bei Stirnradflaschenzügen, Handkabelwinden und Wandwinden.

α) **Gewinde-Lastdruckbremsen.** Bei den bisher besprochenen Lastdruckbremsen stehen die Bremsflächen ständig unter der Einwirkung des Lastdruckes. Da während des Lastsenkens ein axiales Lüften nicht auftreten kann, so muß während der ganzen Dauer des Senkvorganges Bremsarbeit geleistet werden.

Bei den Gewinde-Lastdruckbremsen dagegen ruft die Lastwirkung zunächst kein Bremsen, sondern ein Sperren des Rücklaufes dadurch hervor, daß das Sperrad fest-

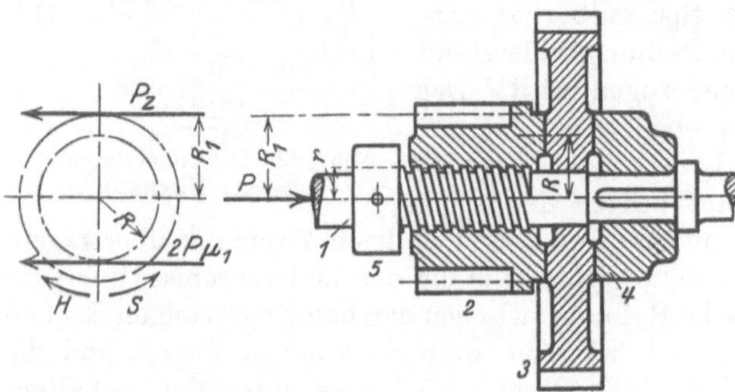

Abb. 164. Gewinde-Lastdruckbremse (schematische Darstellung).

geklemmt und durch die Sperrklinke am Drehen gehindert wird. Die Last kann daher nur dann gesenkt werden, wenn das Klemmen durch eine äußere Kraft so weit vermindert wird, daß das Rücktriebmoment der Last das Bremsmoment überwiegt. Die auf die Bremse einwirkende äußere Kraft (z. B. der im Senksinn wirkende Kurbeldruck) hat daher nur die Aufgabe, die Bremse um einen bestimmten Betrag axial zu lüften (Lastdruckbremsen mit Lüftspiel) und leistet daher keine Bremsarbeit. Abb. 164 gibt eine schematische Darstellung der Gewinde-Lastdruckbremse und erläutert ihre Wirkungsweise.

Auf der Welle *1* sitzt das Ritzel *2*, das auf dem in der Welle eingeschnittenen Gewinde axial verschiebbar ist. Das Ritzel hat seitlich eine Reibfläche und wird durch den vom Gewinde hervorgerufenen Längsdruck gegen das lose auf der Welle sitzende Sperrad *3* gedrückt, das seinerseits von der auf der Welle aufgekeilten zweiten Gegenscheibe *4* an einem Bund der Welle abgestützt wird. Die Verschiebung des Ritzels ist durch einen Stellring *5* begrenzt.

Arbeitsweise der Bremse.

1. **Heben.** Die Welle wird im Hubsinne (Rechtssinne Abb. 164) gedreht. Hierdurch wird das durch die **Triebwerkreibung** und den Lastrücktrieb am Drehen gehinderte Ritzel nach rechts verschoben und durch den Gewindedruck mit dem Sperrad und der Druckscheibe gekuppelt. Die gekuppelten Teile *1* bis *4* drehen sich ungehindert im Hubsinne, wobei die Sperradzähne unter der Klinke fortgleiten.

2. **Lasthalten.** Die Antriebkraft hört auf und die gekuppelten Teile werden durch den Lastdruck so lange im Senksinne (Linkssinn Abb. 164) gedreht, bis der nächste Sperradzahn an der Klinke anliegt. Damit die Last festgehalten wird, muß die durch den Rücktrieb hervorgerufene Längskraft an *2* und *3* bzw. *3* und *4* Reibungsmomente hervorrufen, deren Summe gleich oder größer als das auf die Bremswelle umgerechnete Rücktriebsmoment der Last ist.

3. **Senken.** Beim Senken wird die Kurbelwelle (Bremswelle) im Linkssinne gedreht und das zunächst durch das Lastrücktrieb am Drehen gehinderte Ritzel wird etwas nach links verschoben. Durch dieses kleine Lüften wird der Reibungswiderstand vermindert, Welle und Ritzel gleiten gegen das Sperrad

und die Last geht nieder. Dreht nun die Last das Ritzel schneller als die in gleichem Sinne umlaufende Welle, so wird das Ritzel wieder gegen das Sperrad gedrückt und es wird so lange gebremst, bis die Antriebswelle wieder voreilt und die Bremse lüftet. Die Bremse wird daher während des ganzen Senkvorganges ständig gelüftet und geschlossen.

$\alpha\alpha$) Berechnung. Bezeichnen mit Bezug auf Abb. 164 P_Z den am Halbmesser R_1 des Ritzels wirkenden, vom Lastrücktrieb hervorgerufenen Zahndruck, α den Gewindesteigungswinkel, r den mittleren Gewindehalbmesser, $\mu = \mathrm{tg}\,\varrho$ die Reibungszahl des Gewindes, R den mittleren Halbmesser der ringförmigen Bremsflächen und μ_1 deren Reibungszahl, so ist die axiale Bremskraft:

$$P = \frac{P_Z}{\mathrm{tg}\,(\alpha - \varrho)} \cdot \frac{R_1}{r} \cdots \mathrm{kg}. \tag{104}$$

Sperrbedingung für das Festhalten der Last: (Reibungsmoment $M_r >$ Lastrücktriebmoment M_l)

$$2\,P\,\mu_1 \cdot R > P \cdot R_1 \cdot \mathrm{tg}\,(\alpha - \varrho). \tag{105}$$

Somit Formel für die Bemessung bei zwei Reibflächen (Abb. 164)

$$2\,\mu_1 \cdot R > R_1 \cdot \mathrm{tg}\,(\alpha - \varrho). \tag{106}$$

Bedingung für das Lüften der Bremse: Lüftantriebmomente kleiner Reibungsmoment minus Lastrücktriebmoment

$$M_{al} < M_r - M_l, \tag{107}$$

$$P \cdot R_1\,\mathrm{tg}\,(\alpha - \varrho) + P\mu_1 R < 2\,P\mu_1 R - P_Z \cdot R_1. \tag{108}$$

Die Gewindereibung soll möglichst niedrig, jedoch kleiner als die Lagerreibung der Bremswelle sein. Das Gewinde ist daher gut einzufetten und gegen Staub und Feuchtigkeit zu schützen. Für staubige Betriebe (Gießereien u. a.), sowie im Freien sind Winden mit Lastdruckbremse nicht geeignet.

Ausführung des Gewindes meist als Flachgewinde. Trapezgewinde ist vorzuziehen, da sich das Flachgewinde nicht fräsen läßt. Steigungswinkel des Gewindes: $\alpha \approx 15^0$ bis 20^0. Damit das Hubantriebmoment $M_{ah} = P \cdot r \cdot \mathrm{tg}\,(\alpha + \varrho)$ bei gleichem Bremsmoment möglichst klein wird, verringert man P dadurch, daß man an den Reibflächen Leder- oder Ferodoscheiben einlegt

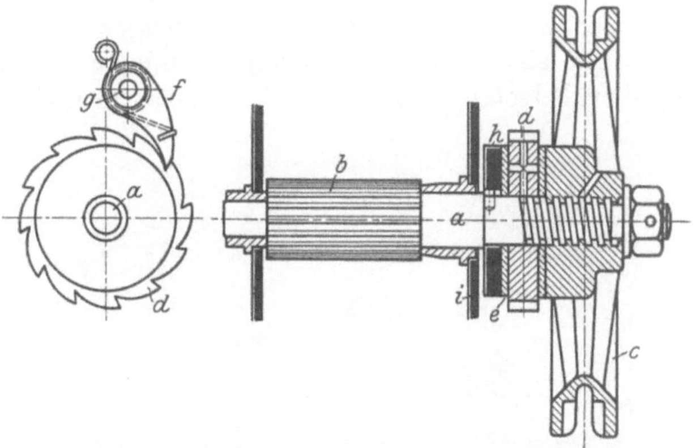

Abb. 165. Lastdruckbremse zu einem Stirnradflaschenzug von 2000 kg Tragkraft (Defries A.-G., Düsseldorf).

a Antriebwelle mit Ritzel b, c Haspelrad mit Gewinde auf der Welle sitzend, d Sperrad, lose auf Welle a, e Leder- oder Ferodoscheiben, f Federbelastete Klinke, deren Bolzen g am Schildblech befestigt, h Druckscheibe, i Windenschild.

(Abb. 165). Werden die Bremsflächen kegelförmig gestaltet, und bezeichnet γ den halben Kegelwinkel, so wird an Stelle von μ_1 der Wert $\dfrac{\mu_1}{\sin\gamma}$ gesetzt.

Eine Vergrößerung des Reibungsmomentes bzw. eine Verkleinerung des erforderlichen Längsdruckes P wird auch dadurch erreicht, daß man die Zahl der Reibflächen vermehrt und die Bremse als Lamellenbremse ausführt.

$\beta\beta$) Ausführung. Abb. 165 zeigt die Gewinde-Lastdruckbremse für einen Stirnradflaschenzug von 2000 kg Tragkraft. Die auf Abb. 166 dargestellte Lastdruckbremse wird bei Winden (Handkabel- und Wandwinden) von $Q = 3000$ bis 6000 kg Tragkraft angewendet. Ritzel: $z = 11$; $m = 9$ mm; $D = 99$ mm; $b = 67$ mm. Durchmesser der Kurbelwelle und Vierkant:

$d = 35$ mm; 27×27 mm bei Winden mit $Q = 3000$ und 4000 kg.
$d = 40$ „ ; 30×30 „ „ „ „ $Q = 5000$ „ 6000 „ .

Die Bremse ist in der Abb. 166 rechtssperrend gezeichnet und hat Rechtsgewinde. Sie läßt sich jedoch den verschiedensten baulichen Verhältnissen der Winden anpassen (z. B. Ritzel auf der rechten, Lager auf der linken Seite; linkssperrend, Linksgewinde). Steigung des eingängigen Flachgewindes: $^7/_8{}''$.

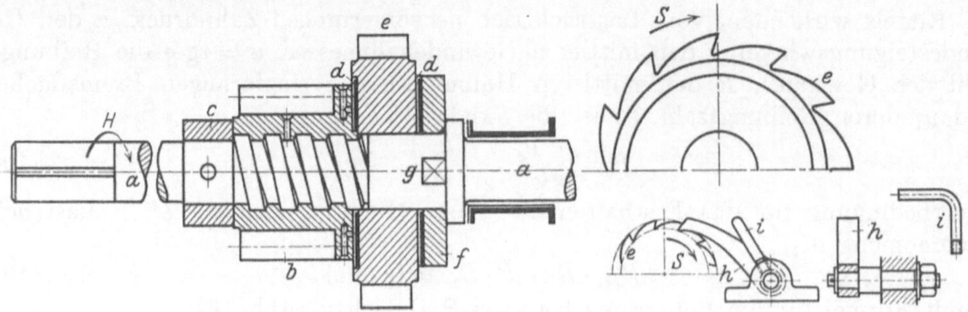

Abb. 166. Lastdruckbremse für Handkabelwinden (Defries A.-G., Düsseldorf).

a Kurbelwelle, *b* Ritzel mit Gewinde auf *a* sitzend, *c* Stellring, *d* Ferodoscheiben, *e* Sperrad, lose auf *a*, *h* Klinke, *i* Hubbegrenzung zu *h*, *f* Druckscheibe am Bund der Welle anliegend und durch die Nase *g* am Drehen der Welle teilnehmend.

Abb. 167 zeigt eine rechtssperrende Lamellenbremse mit gesteuerter Klinke.
Zahnabmessungen des Ritzels: $z = 16$; $m = 8$ mm; $D = 128$ mm; $b = 80$ mm.
Sperrad: $z = 18$; $D = 250$ mm; $b = 30$ mm.
Steigung des zweigängigen Gewindes: $^{15}/_{16}{}''$.
Abbremsbares Moment: ~ 5000 kgcm.

Bei elektrisch betriebenen Kleinhebezeugen (Elektroflaschenzügen mit Stirnräderübersetzung) wird die Gewindelastdruckbremse in neuerer Zeit nicht mehr angewendet. Diese Hebezeuge erhalten allgemein Senkbremsschaltung und als Haltebremse eine gewichtbelastete elektromagnetisch gelüftete Bandbremse.

$\gamma\gamma$) **Doppeltwirkende Lastdruckbremsen** haben zwei Zahngesperre, von denen das eine im Rechts- und das andere im Linksdrehsinne der Welle sperrt. Sie werden bei den sog. Schnellflaschenzügen sowie bei Handaufzügen angewendet.

Die Schnellflaschenzüge sind Stirnradflaschenzüge kleiner Tragkraft (bis 250 kg) und vermeiden das zeitraubende Herabhaspeln des leeren Hakens dadurch, daß beide Enden

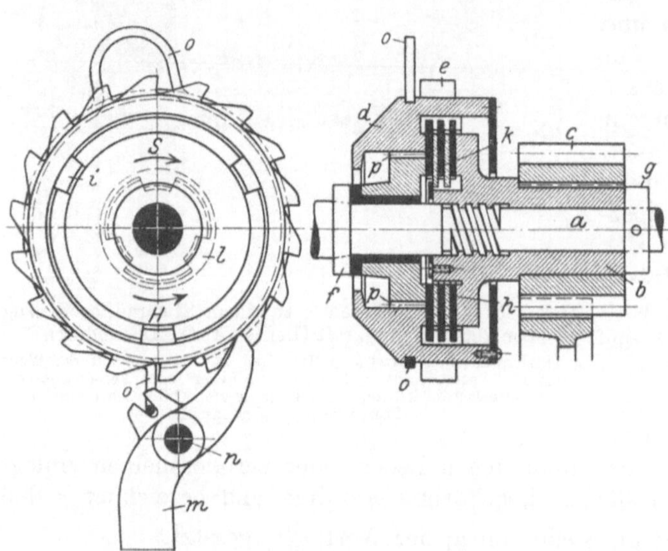

Abb. 167. Gewinde-Lastdruckbremse (Lamellenbremse)
(F. Piechatzek, Berlin).

a Vorgelegewelle, *b* Bremskörper, mit Gewinde auf *a* sitzend, *c* Ritzel auf *b* aufgekeilt, *d* Bremsgehäuse, mittels Rotgußbüchse lose auf *a* sitzend, *e* Sperradzähne, an *d* angegossen, *f* Druckscheibe, *g* Stellring, *h* Lamellenringe aus Stahl, durch Nasen *i* am Bremskörper *d* festgehalten, *k* Lamellenringe aus Zinnbronze durch Nasen *l* am Bremskörper *b* festgehalten, *m* Sperrklinke, *n* Klinkenbolzen, am Windengestell befestigt, *o* Reibring zum Steuern der Klinke, *p* Schmierloch.

der Hubkette mit Haken versehen sind, so daß die Last in den jeweils unten befindlichen Haken eingehängt werden kann. Da alsdann der Lastrücktrieb sowohl im einen wie auch im anderen Drehsinn der Welle wirkt, so muß die Bremse doppeltwirkend ausgeführt werden.

Die auf Abb. 168 dargestellte doppeltwirkende Lastdruckbremse wird von der Herstellerfirma für Handaufzüge bis 1000 kg Tragkraft verwendet. Das auf der Gewindemutter eingeschnittene Ritzel hat folgende Zahnabmessungen:

$$z = 28; \quad m = 4 \text{ mm}; \quad D = 112 \text{ mm}; \quad b = 75 \text{ mm}.$$
$$\text{Sperräder: } z = 12; \quad D = 200; \quad b = 25 \text{ mm}.$$

Steigung des zweigängigen (linksgängigen) Gewindes: $1\frac{1}{4}''$.

Die Sperrklinken werden durch ein Reibzeug gesteuert, so daß die Bremse geräuschlos arbeitet.

β) Schrägzahn-Lastdruckbremsen.

Bei der Schrägzahn-Lastdruckbremse (Bauart Windhoff) wird der zum Bremsen erforderliche Längsdruck dadurch hervorgerufen, daß die Zähne des mit

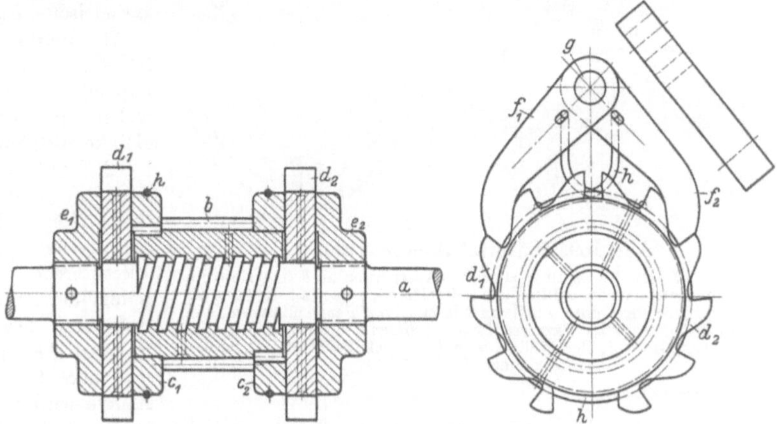

Abb. 168. Doppelt wirkende Lastdruckbremse zu einem Handaufzug (Gebr. Weismüller, Frankfurt a. Main).

a Welle, *b* Ritzel, auf dem Gewinde von *a* längsverschiebbar, c_1—c_2 Druckscheiben, auf *b* verkeilt, d_1—d_2 Sperräder, lose auf *a*, e_1—e_2 Druckscheiben, nach Einstellung des Lüftweges verstiftet, f_1—f_2 Sperrklinken, *g* Klinkenbolzen, *h* Reibringe zum Steuern der Klinken.

der Bremswelle aus einem Stück gefertigten Ritzels und des mit ihm kämmenden Rades schräggestellt werden. Der Bremsdruck ist die Komponente des Zahndruckes in Richtung der Wellenachse. Er wirkt auf ein Lamellensystem ein, dessen Gehäuse als Sperrad ausgebildet ist.

Die Arbeitsweise der Schrägzahnbremse ist die gleiche wie die der Gewinde-Lastdruckbremse (s. S. 74).

Im allgemeinen zieht man die Gewindebremse der Schrägzahnbremse vor, da sie in der Herstellung billiger ist als diese.

b) Radialdruckbremsen.

In diese Gruppe gehören diejenigen Lastdruckbremsen, bei denen der Rücktrieb der Last eine Bremse bzw. Kupplung mit Spreizring oder -band oder eine doppelte Backenbremse mit innerem Eingriff der Backen betätigt. Auch die sog. Seil-Lastdruckbremse wird in dieser Gruppe mit behandelt.

1. Universal-Bremskupplung.

Bei der Universal-Bremskupplung[1] (Abb. 169) sitzt das Antrieborgan (Kurbel oder Haspelrad) lose auf der Welle. Der Lastdruck greift an einem Ritzel an, das auf der Welle aufgekeilt oder mit ihr aus einem Stück gefertigt ist. Die Wirkung der Bremse beruht im wesentlichen auf einem lose auf der Welle sitzenden Exzenterkörper, einem auf diesem befindlichen Ring, der durch einen Mitnehmerstift mit dem Sperrad verbunden ist, und einem im hohlzylindrischen Raum des Sperrades angeordneten exzentrischen Spreizring, der mit dem Exzenterkörper gleiche Exzentrizität hat und durch einen Mitnehmerstift mit der Welle verbunden ist.

---

[1] Gebr. Bolzani, Berlin N.

Arbeitsweise.

1. **Heben.** Das mit dem Exzenter verbundene Antrieborgan (Kurbel oder Haspelrad) wird im Rechtssinne gedreht. Da der geschlitzte Exzenterring g durch den Stift h mit der Scheibe i und der Welle (bzw. dem Ritzel) verbunden ist, so hält der der Drehbewegung entgegengesetzt wirkende Lastdruck den Exzenterring fest. Dieser wird nun durch das Drehen des Exzenterkörpers gespreizt und gegen die hohlzylindrische Fläche des Sperrades gepreßt. Hierdurch werden alle Teile, Antrieborgan bis Ritzel, miteinander gekuppelt und laufen im Hubsinne um, wobei die Sperradzähne unter der Klinke fortgleiten.

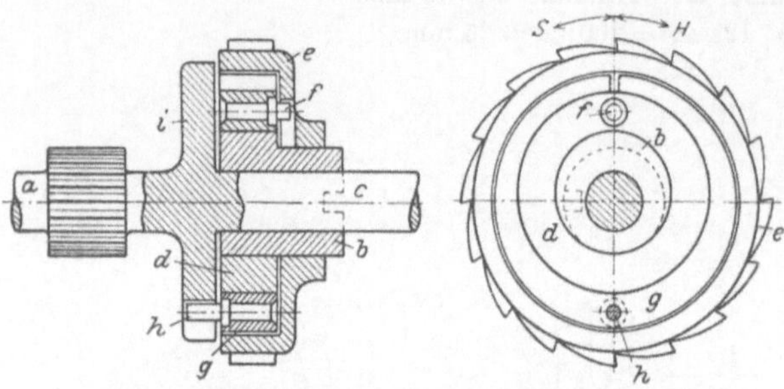

Abb. 169. Universal-Bremskupplung.

a Welle, b Exzenter lose auf a sitzend, c Aussparung an b zum Kuppeln mit dem Antrieborgan, d Ring, lose auf c sitzend, e Sperrad, lose auf der Exzenternabe angeordnet, f Stift an d in einen radialen Schlitz von e eingreifend, g geschlitzter Exzenterring auf d sitzend, h Stift an g in eine Aussparung der mit der Welle aus einem Stück gefertigten Scheibe i eingreifend.

2. **Lasthalten.** Die Antriebkraft hört auf und der Lastdruck dreht mittels des Stiftes h den Exzenterring in entgegengesetztem Sinne (Linkssinn). Der Exzenterring wird gespreizt, gegen die hohlzylindrische Sperradfläche gedrückt und durch den Reibungsschluß mit dem Sperrad gekuppelt. Durch das Anliegen des nächsten Sperradzahnes an der Klinke wird die Last abgestützt.

3. **Senken.** Das Antrieborgan wird im Senksinne (Linkssinn) gedreht. Hierdurch wird die Spreizung des geschlitzten Exzenterringes verkleinert und der Reibungsschluß zwischen Exzenterring und Sperrad wird so weit vermindert, daß das Reibungsmoment kleiner als das Rücktriebmoment der Last ist. Die Last geht daher so lange nieder, bis ihr Rücktrieb den Exzenterring so weit gedreht hat, daß der Reibungsschluß wieder hergestellt ist. Die Bremse wird daher stets durch das Antrieborgan gelüftet und durch den der Last verhältnisgleichen Rücktrieb wieder angezogen. Der Lastniedergang ist mit Sicherheit gesperrt, wenn das Reibungsmoment größer als das auf die Bremswelle umgerechnete Rücktriebmoment ist.

2. Rekord-Bremskupplung.

Die Rekord-Bremskupplung[1] (Abb. 170) wird hauptsächlich bei Handhebezeugen mit Haspelradantrieb (Stirnradflaschenzügen und Stirnradlaufkatzen) angewendet.

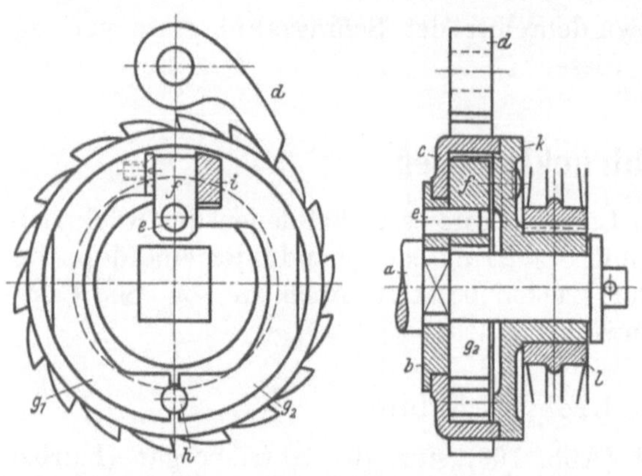

Abb. 170. Rekord-Bremskupplung.

a Welle, b Scheibe auf einem Vierkant von a sitzend, c hohler Sperradkörper auf einem Ansatz von b drehbar, d Sperrklinke, e Zapfen an b, in eine Bohrung des Gabelstückes f eingreifend, $g_1 - g_2$ Bremsbacken h Drehbolzen der Backen, an c befestigt, i Mitnehmerleiste an der lose auf a sitzenden Scheibe k befestigt, l Antrieborgan.

Die Bremse ist bei dieser Bauart eine Innenbackenbremse, deren Klötze gegen die hohlzylindrische Fläche des Sperradkörpers drücken. Dieser sitzt einerseits lose auf einer, auf der Welle fest angeordneten Scheibe und wird andererseits an einer lose auf ihr befindlichen Scheibe abgestützt. Auf dieser Scheibe ist das Antrieborgan (Haspelrad oder Kurbel) aufgekeilt. Ebenso wie bei der Universal-Bremskupplung ist das Ritzel des ersten Vorgeleges mit der Welle aus einem Stück gefertigt.

Arbeitsweise.

1. **Heben.** Das Haspelrad und damit die Scheibe k werden im Rechtssinne gedreht. An dieser Drehung nehmen auch die Mitnehmerleiste i und die Bremsbacken g_1 und g_2 teil. Das zwischen dem oberen Ende der Bremsbacke g_1 und der Mitnehmerleiste befindliche Hebelstück f wird gleichzeitig nach rechts bewegt die Bremsbacken werden durch den Einfluß des ent-

---

[1] Gebr. Bolzani, Berlin N.

gegengesetzt wirkenden Lastdruckes gespreizt und gegen die hohlzylindrische Fläche des Sperrades gepreßt. Durch den hierbei hervorgerufenen Reibungswiderstand werden die bereits in Drehung befindlichen Teile mit dem Sperrad und durch das Hebelstück und den Zapfen e über die Scheibe b mit der Welle gekuppelt und die Last wird gehoben.

2. Lasthalten. Bei Aufhören der Antriebkraft werden die miteinander gekuppelten Teile, Ritzel bis Haspelrad, unter dem Einfluß des Rücktriebes der Last im Senksinne (Linkssinn Abb. 170) gedreht. Der nächste Sperradzahn legt sich gegen die Klinke, die nun ihrerseits die Last abstützt.

3. Senken. Das Haspelrad wird im Linkssinn (Senksinn) gedreht. Hierdurch wird die Reibung zwischen den Bremsbacken und der Innenfläche des durch die Klinke festgehaltenen Sperrades überwunden und die Last geht nieder.

3. Lastdruckbremsen mit Spiralspreizband.

Abb. 171 zeigt als Beispiel die Senksperrbremse der Firma E. Becker, Berlin-Reinickendorf und erläutert ihre Arbeitsweise.

Die Bremse wird bei elektrischen Hubwerken angewendet und erfordert stets noch eine gewichtbelastete, elektromagnetisch gelüftete Haltebremse.

Zum Kuppeln der auf der Welle aufgekeilten Trommel mit dem lose laufenden Kupplungsgehäuse dient eine aus Bronze hergestellte Spiralfeder, deren schwalbenschwanzförmige Enden in entsprechende Aussparungen an der Trommel und an einer Scheibe eingreifen, die auf der Nabe des lose auf der Welle sitzenden Ritzels aufgekeilt ist. Die

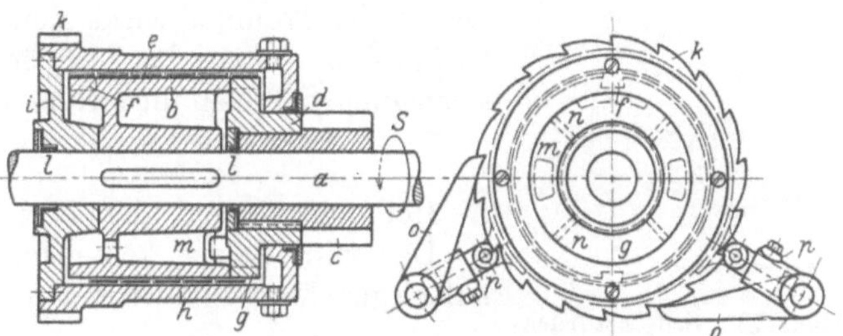

Abb. 171. Senksperrbremse für elektrische Hubwerke.

a Welle, b Trommel auf a aufgekeilt, c Ritzel, lose auf a sitzend, d Scheibe auf der Nabe von c aufgekeilt, e Spiralband, bei f an der Trommel und bei g an der Scheibe d befest̄gt, h mit Öl gefülltes Kupplungsgehäuse, einerseits auf der Scheibe i, andererseits auf der Nabe von d abgestützt, k Sperrad, dessen Zähne an h angegossen, l Lederabdichtungen, m Knaggen an d zwischen den Trommelspeichen n angeordnet, o Sperrklinken, p Reibzeug zum Steuern von o.

Zähne des Sperrades sind am Kupplungsgehäuse angegossen. Die Klinken sind durch ein Reibzeug gesteuert, so daß die Bremse geräuschlos arbeitet, Ausführung der gesteuerten Klinken siehe Abb. 16, S. 9.

Arbeitsweise der Bremse.

1. Heben. Durch den Rücktrieb der Last wird das Spiralband gespreizt, drückt gegen die hohlzylindrische Fläche des Kupplungsgehäuses und erzeugt an diesem einen Reibungswiderstand, durch den die Trommel angekuppelt wird. Bei Einschalten des Motors im Hubsinne (Rechtssinn Abb. 171) wird daher die Trommel mitgenommen und die Sperradzähne gleiten unter der Klinke fort.

2. Lasthalten. Der Motor wird abgestellt und der Lastrücktrieb dreht alle gekuppelten Teile in entgegengesetztem Sinne (Linkssinn Abb. 171), der nächste Sperradzahn legt sich gegen eine der Klinken und die Last ist abgestützt.

Bei der Größe des Umspannungswinkels der mehrfachen Bandumschlingung genügt ein sehr geringer, vom ruhenden Motor und dem Reibungswiderstand seines Vorgeleges ausgeübter Gegendruck, um die Anpressung der Feder aufrecht zu erhalten und damit die schwebende Last an den Sperrklinken der Kupplungstrommel sicher fest zu halten.

3. Senken. Durch Umsteuern des Motors wird die Spiralfeder auf der Trommel zusammengezogen oder der Reibungsschluß am Gehäuse wenigstens so weit gemindert, daß sich der Rücktrieb auf die Windentrommel fortpflanzen kann. Der hierbei vom Motor auf die Federwindungen ausgeübte Zug treibt die Last sofort mit der vollen, vom Motor abhängigen Geschwindigkeit abwärts und sichert daher auch unter allen Umständen das zwangsläufige Senken des leeren Hakens. Sobald aber die Last vorzueilen sucht, schließt sich auch hier die Kupplung durch Bewegen der Feder im Senksinne.

Da die Spiralfeder im Ölbad läuft, so ist ihre Abnutzung äußerst gering. Sollte ein Federbruch eintreten, so wird der Zusammenhang zwischen Motor und Windentrommel nicht aufgehoben, da die Knaggen m der Mitnehmerscheibe an den Trommelspeichen n anliegen und die Bremsbandkupplung in eine einfache Klauenkupplung verwandelt wird. Die Last wird bei beginnendem Senken durch die gleichzeitig einfallende elektromagnetische Stoppbremse gehalten.

4. Seil-Lastdruckbremsen.

Die Seil-Lastdruckbremse (Abb. 172) ist eine gewöhnliche Sperradbremse, bei der der Lastzug an Stelle des Gewichtes am Bremshebel wirkt und die Bremse anzieht. Diese wird so bemesen, daß ihr Reibungsmoment einen genügend großen Sicherheitsüberschuß gegenüber dem Rücktriebmoment der Last aufweist.

Die Arbeitsweise der Bremse ist beim Heben und Lasthalten die gleiche wie die der Sperradbremse (s. S. 58). Beim Senken dagegen bleibt die Bremse angezogen und das Windwerk wird im Senksinne angetrieben. Hierbei muß das, nach Abzug des Lastrücktriebmomentes an der Bremse noch wirkende Reibungsmoment überwunden und entsprechende Arbeit geleistet werden.

Berechnung: Bezeichnen mit Bezug auf Abb. 172 $S = \dfrac{Q}{2}$ den an der Trommel wirkenden Seilzug und R_0 den Trommelhalbmesser, so ist das Lastrücktriebmoment (ohne Berücksichtigung der Reibungswiderstände):

$$M_{lr} = S \cdot R_0.$$

Reibungsmoment der Bremse: $M_r \approx (1{,}2 \text{ bis } 1{,}3) \cdot M_{lr}$.

Das zum Lastsenken erforderliche, der Last stets verhältnisgleiche Senkantriebmoment ist:

$$M_{as} = M_r - M_{lr} = (0{,}20 \text{ bis } 0{,}30) \cdot M_r.$$

Die Bremse wird entweder als Backenbremse (Abb. 172), meist jedoch als Bandbremse ausgeführt.

Die Seil-Lastdruckbremse eignet sich hauptsächlich für Laufkatzen (bis etwa 5 t Tragkraft), da bei diesen das feste Seilende nahe dem Hubwerk am Katzengestell befestigt ist. In neuerer Zeit wird sie kaum mehr angewendet.

Abb. 172. Seil-Lastdruckbremse (schematische Darstellung).

1 Bremsscheibe, lose auf der Welle sitzend, *2* Sperrad, auf ihr aufgekeilt, *3* lose Rolle zum Hubwerk, *4* Bremshebel, *5* Seilzug, die Bremse anziehend.

VII. Besondere Anwendung der Bremsen im Hebezeugbau.

Berechnung und Gestaltung der im Hebezeugbau verwendeten Bremsen hängen von der Antriebart des Hebezeuges (von Hand oder motorisch), dem Verwendungszweck der Bremsen (Hub-, Dreh- oder Fahrwerkbremsen), der Schwere des Betriebes (normal oder groß), der relativen Lastgröße (wechselnd oder voll) und den im Betriebe auftretenden Stößen (normal oder stark) ab[1].

Bei den motorischen (elektrischen) Winden werden weit größere Betriebsanforderungen an die Bremsen gestellt als bei den Handwinden. Erstere arbeiten mit hohen Geschwindigkeiten, während die Geschwindigkeit der Handwinden, die von der Arbeitsleistung des Menschen abhängt, verhältnismäßig gering ist und nur etwa ein Sechszehntel bis ein Zwölftel der Geschwindigkeit der elektrischen Hebezeuge beträgt.

Die Massenkräfte spielen daher bei den Handwinden so gut wie keine Rolle. Bei den elektrischen Winden dagegen sind außer dem Lastmoment noch die Momente der umlaufenden und geradlinig bewegten Massen während einer bestimmten Haltezeit abzubremsen.

Den größeren Beanspruchungen der Bremsen für elektrische Hebezeuge trägt man durch die Anwendung von Werkstoffen größerer Festigkeit und durch reichliche Bemessung der Bremsteile Rechnung.

---

[1] Berechnungsgrundlagen für die Eisenkonstruktionen von Kranen. Deutscher Kranverband. Berlin 1928.

Bei Handwindwerken mit (nicht selbsthemmendem) Schneckengetriebe betätigt der Längsdruck der Schneckenwelle die Lastdruckbremse. Bei Stirnräderwinden fehlt dieser Längsdruck und wird daher künstlich durch ein Gewinde oder durch ein Stirnrädervorgelege mit schrägen Zähnen hervorgerufen.

Die Lastdruckbremsen wirken selbsttätig und zeichnen sich durch große Betriebssicherheit aus, haben jedoch den Nachteil, daß die Last zwangläufig (durch Herunterkurbeln oder Herabhaspeln) gesenkt werden muß.

Weiterer Vorzug: Einfache Bedienung des Windwerks. Seil-Lastdruckbremsen, bei denen der Zug des Hubseiles die Bremse betätigt, werden selten angewendet.

Bei den elektrisch betriebenen Winden und Hubwerken sind Gestaltung und Arbeitsweise der Bremse von der Schaltung der Hubsteuerwalze abhängig. Die Bremse ist meist eine gewichtbelastete doppelte Backenbremse, die während des Hebens und Senkens gelüftet wird. Das Lüften geschieht je nach der Ausführungsart von Hand (durch den Hebel der Steuerwalze), durch einen Magnet- oder Motorbremslüfter, im besonderen auch durch Druckluft. Je nach Art der Schaltung dient die Bremse nur als Halte- und Nachlaufbremse, wobei der Motor während des Senkens die Lastführung übernimmt (Senkbremsschaltung) oder sie wird auch zur Regelung der Senkgeschwindigkeit herangezogen. Dies ist z. B. bei Hafendrehkranen für Stückgutverladung mit der Normallast von 2,5 t der Fall, bei denen die durch ein Gewicht belastete Bandbremse während des Hebens durch einen Magneten und während des Senkens (bei durchziehender Last) durch einen Handhebel gelüftet wird. Die Senkgeschwindigkeit wird hierbei durch mehr oder weniger starkes Lüften der Bremse geregelt.

Werden, wie z. B. im Gießereibetriebe, in Zusammenbauwerkstätten, und bei Schwerlastkranen besonders hohe Ansprüche hinsichtlich der Regelung der Senkgeschwindigkeit gestellt, so wendet man die Leonard-Schaltung an, bei der die Geschwindigkeit auf rein elektrischem Wege geregelt wird.

Elektrisch betriebene Fahrwerke erhalten zur Abkürzung des Fahrauslaufes eine gewichtbelastete doppelte Backenbremse, die während des Fahrens durch einen Magneten gelüftet wird. Die Bremse hat die Aufgabe, die lebendigen Kräfte der bewegten Massen während einer bestimmten Haltezeit in Wärme umzusetzen. Die Wirkung der Bremse darf jedoch nicht so stark sein, daß das Fahrwerk plötzlich festgebremst wird und die Räder auf den Schienen gleiten.

Die Schwenkwerke der elektrisch betriebenen Drehkrane werden ebenfalls mit einer gewichtbelasteten, elektromagnetisch gelüfteten Backenbremse ausgerüstet, die den Drehauslauf abkürzt. Die Bremse sichert auch den nicht in Betrieb befindlichen Kran gegen unbeabsichtigtes Drehen des Auslegers durch Windkraft.

Unfallverhütung. Die „Zusammenstellung der Berufsgenossenschaftlichen Unfallverhütungsvorschriften über Bau und Ausstattung von Fördermitteln ausschließlich Aufzüge"[1] enthält hinsichtlich der Bremsen folgende Vorschriften:

Abschnitt E. Winden und Krane, d) Triebwerke.

Ziffer 67: Hebezeuge mit Kurbel- oder Zugseilantrieb sind mit einer wirksamen Sperrvorrichtung (Sperradbremse) zu versehen, sofern sie nicht selbstsperrend sind (UVV Leinen-BG. § 66).

Ziffer 68: ... Brems- und Gegengewichte sind so zu sichern, daß sie auch bei Lockerwerden nicht herabfallen können ... (UVV ES-BG f. Laufkrane § 40).

Ziffer 70: Windevorrichtungen mit Ausnahme von Zahnstangen- und selbsthemmenden Schneckenradwinden müssen zuverlässige Bremsen (hier hat die Steinbruch-BG § 267 den Zusatz: „und wirksame Sperrvorrichtungen") haben.

Handwinden mit Lüftungsbremsen (Schmiedekrane ausgenommen) müssen mit Sicherungen so eingerichtet sein, daß die Kurbeln nicht zurückschlagen können oder beim Ablassen der Last stillstehen.

---

[1] Arbeitsgemeinschaft für Unfallverhütung (Ausgabe vom 12. September 1924). Zu beziehen von der Zentralstelle für Unfallverhütung, Berlin W 9, Köthener Str. 17.

Lose Kurbeln sind gegen unbeabsichtigtes Abziehen zu sichern (UVV ES-BG. § 202 und Normal-UVV. VIII § 3).

Ziffer 71: Kranfahrwerke mit Geschwindigkeiten über 40 m/min und sämtliche Hubwerke müssen sicher wirkende Bremsen haben, ausgenommen Handlaufkrane mit selbsthemmenden Schneckengetrieben. Alle Bremsen müssen vom Führerstand aus betätigt werden können (UVV ES-BG. f. Laufkrane § 25).

Die Broschüre „Unfallschutz in Häfen und Schleusen"[1] enthält im Abschnitt II (Unfallschutz an Kränen) S. 40 unter 3 (Bremsen an den Laufrädern) folgende Vorschrift: Die Laufräder langer Kranbahnen sind mit sicher wirkenden Bremsen (Magnetstoppbremsen u. dgl.) zu versehen. Gegen Winddruck sind Schienenklemmen usw. anzuordnen.

Neben den unter I bis VI aufgeführten Bauarten von Bremsen werden im Hebezeugbau noch verschiedene Sonderbauarten angewendet, die weitgehenden Anforderungen hinsichtlich der Betriebssicherheit und Regelfähigkeit Rechnung tragen oder Sonderzwecken dienen.

a) Druckluftbremse Bauart Jordan.

Die mit der Druckluftsteuerung, Bauart Jordan[2], ausgerüsteten elektrischen Hebezeuge arbeiten mit einem durchlaufenden Motor in Verbindung mit einer Reibungskupplung und einer Bremse, die beide durch Druckluft gesteuert werden. Sind mehrere Triebwerke (z. B. ein Hub- und ein Fahrwerk) anzutreiben, so ist es, im Gegensatz zu dem üblichen Umkehrantrieb möglich, statt eines Motors für jede Bewegung einen gemeinsamen durchlaufenden Motor vorzusehen.

Gegenüber dem Umkehrantrieb weist der Antrieb mit durchlaufendem Motor folgende Vorzüge auf: Der Motor wird besser ausgenutzt und arbeitet wirtschaftlicher als bei Einzelantrieb.

Die beim Anlauf eines Hub-, Fahr- oder Drehwerks erforderlichen großen Energiemengen werden durch die schnell umlaufenden Massen des Motorankers, der als Kraftspeicher dient, oder durch ein besonderes Schwungrad geleistet. Da die Anfahrkräfte den Motor und das Netz nicht unmittelbar belasten, so arbeitet der Motor weicher und die hohen Spitzen des Anfahrdiagrammes fallen fort. Der Motor kann daher wesentlich kleiner gewählt werden, auch wird infolge der starken Verminderung der toten Triebwerkmassen ein schnelleres Anfahren und eine bessere Umkehrung des Triebwerks erreicht.

Bau- und Arbeitsweise der Druckluftsteuerung.

Abb. 173 gibt das Steuerschema zum Hubwerk einer Kranlaufwinde mit Magnetbetrieb von 10 t Tragkraft[3], die mit der Druckluftsteuerung, Bauart Jordan ausgerüstet ist.

Stromart: Drehstrom 380 V, 50 Perioden in der Sek. (Magnet: Gleichstrom 500 V).

Arbeitsgeschwindigkeiten der Katze. Heben: 29,8 m/min; Senken (bei abgekuppeltem Motor): 70 m/min.

Katzenfahren: 40 m/min.

Leistung des Hubmotors: 100 kW; Drehzahl: 730 in der Min.

Die wesentlichen Teile der Druckluftsteuerung sind (Abb. 173): Der Kompressor, der vom Hubwerk aus angetrieben wird. — Der Luftbehälter mit Sicherheitsventil, Druckmesser und Druckregler. — Der Kupplungszylinder (zur Reibungskupplung). — Der Bremszylinder (zum Lüften der gewichtbelasteten Bremse). — Die Steuerventile zum Kupplungs- und Bremszylinder. — Der Steuerschalter. — Der Senkbremsregler. — Die Saug-, Druck- und Steuerleitung.

Die Steuerung wird entweder von Hand oder elektrisch (Abb. 173) betätigt. Im ersteren Falle wird das Steuerventil unmittelbar durch einen kleinen Handhebel bedient, im letzteren durch einen Steuerschalter, der die elektrischen Steuerventile ein- oder abschaltet.

Arbeitsweise: 1. Heben. Der Motor d wird bei ausgerückter Reibungskupplung i durch einen einfachen Walzenschalter unbelastet angelassen. Der Hebel des Steuerschalters Z wird nach links ausgelegt, die Wicklungen der Steuerventile v und x erhalten Strom und ziehen ihre Anker an.

---

[1] Westdeutsche Binnenschiffahrts-Berufsgenossenschaft, Haus Schiffahrt. Duisburg 1927.

[2] Jordan-Bremsen-Gesellschaft, Berlin-Neukölln.   [3] Tiglerwerk, Duisburg-Meiderich.

Hierdurch werden die Einlaßventile geöffnet, die Druckluft tritt durch die Leitungen in den Kupplungszylinder u und in den Bremszylinder w. Die Kupplung wird eingerückt und gleichzeitig die Bremse gelüftet. Motor und Hubwerk sind miteinander gekuppelt und laufen im Hubsinne um.

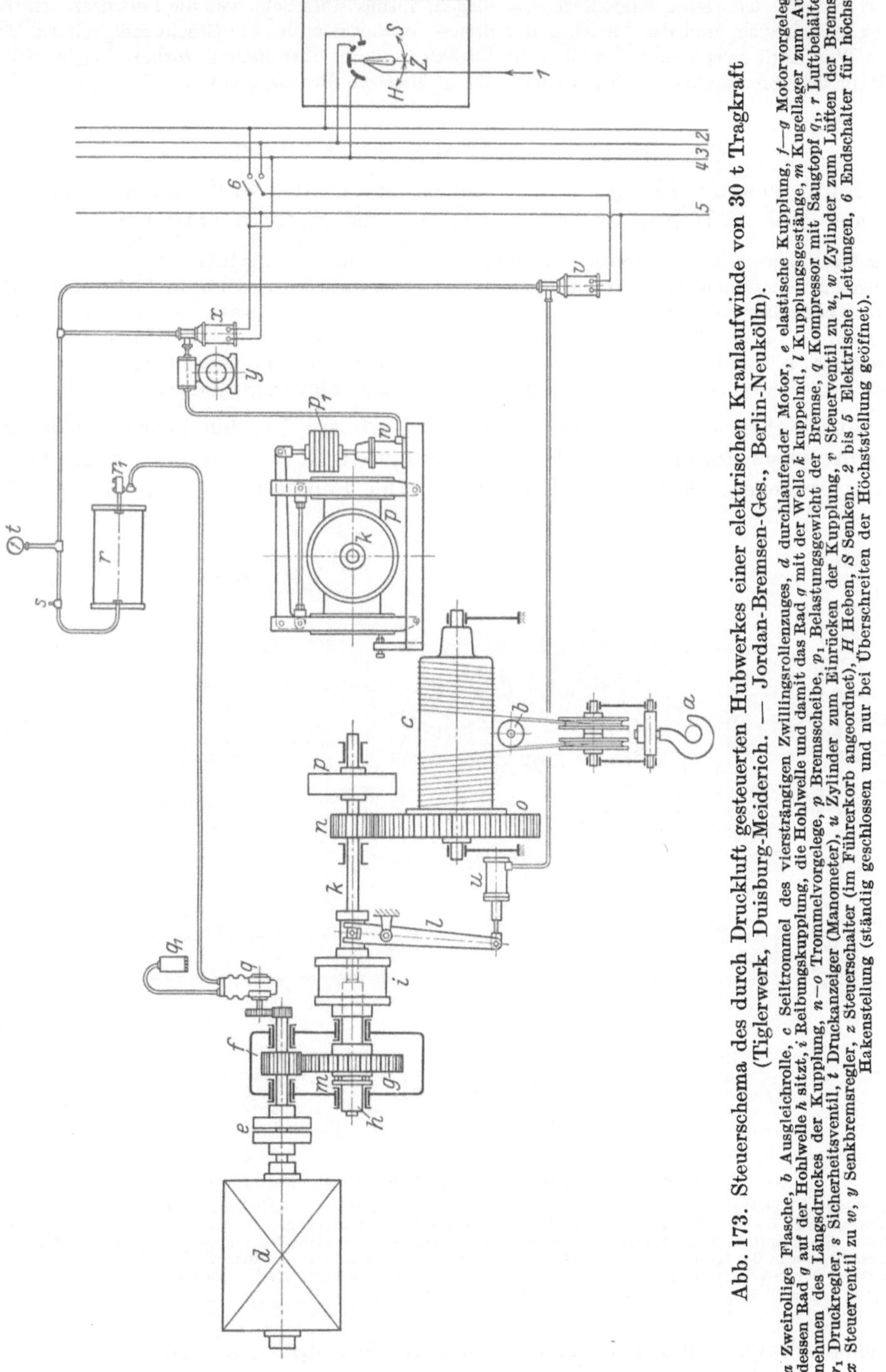

Abb. 173. Steuerschema des durch Druckluft gesteuerten Hubwerkes einer elektrischen Kranlaufwinde von 30 t Tragkraft (Tiglerwerk, Duisburg-Meiderich. — Jordan-Bremsen-Ges., Berlin-Neukölln).

a Zweirollige Flasche, b Ausgleichrolle, c Seiltrommel des viersträngigen Zwillingsrollenzuges, d durchlaufender Motor, e elastische Kupplung, f—g Motorvorgelege, dessen Rad g auf der Hohlwelle h sitzt, i Reibungskupplung, die Hohlwelle und damit das Rad g mit der Welle k kuppelnd, l Kupplungsgestänge, m Kugellager zum Aufnehmen des Längsdruckes der Kupplung, n—o Trommelvorgelege, p Bremsscheibe, p_1 Belastungsgewicht der Bremse, q Kompressor mit Saugtopf q_1, r Luftbehälter, r_1 Druckregler, s Sicherheitsventil, t Druckanzeiger (Manometer), u Zylinder zum Einrücken der Kupplung, v Steuerventil zu u, w Zylinder zum Lüften der Bremse, x Steuerventil zu w, y Senkbremsregler, z Steuerschalter (im Führerkorb angeordnet), H Heben, S Senken. 2 bis 5 Elektrische Leitungen, 6 Endschalter für höchste Hakenstellung (ständig geschlossen und nur bei Überschreiten der Höchststellung geöffnet).

2. **Lasthalten.** Der Hebel des Steuerschalters Z wird in die Mittellage zurückgedreht. Die Wicklungen der Steuerventile v und x werden stromlos und geben ihre Anker frei, wodurch die Lufteinlaßventile geschlossen und die Luftauslaßventile geöffnet werden. Die Luft tritt aus den Zylindern u und w ins Freie, die Kupplung wird ausgerückt, die Bremse durch das Belastungsgewicht angezogen und die Last festgehalten.

3. **Senken.** Der Steuerhebel wird nach rechts ausgelegt. Das Steuerventil x erhält Strom, sein Einlaßventil wird geöffnet und die Luft tritt in den Bremszylinder w ein. Die Bremse wird gelüftet und die Last geht abwärts.

Ein Überschreiten der höchstzulässigen Senkgeschwindigkeit wird durch den Senkbremsregler y dadurch verhindert, daß dessen Fliehklötze ausschlagen, mittels eines Schiebers die Luft nach dem Bremszylinder w abdrosseln und das Anziehen der Bremse veranlassen. Ist die Geschwindigkeit auf den zulässigen Wert zurückgegangen, so werden die Fliehklötze durch ihre Federn zurückgezogen, der Lufteintritt in den Bremszylinder wird wieder geöffnet und die Bremse gelüftet.

Die wichtigsten Teile der Druckluftsteuerung.

1. Kompressor. Er dient zur Druckerzeugung und wird von einer Triebwerkwelle aus (Abb. 173) oder durch einen besonderen Motor angetrieben.

Bis 7 atü werden die Kompressoren einstufig, darüber zweistufig ausgeführt.

Angesaugte Luftmenge: 3 bis 20 m³/Std. Kraftbedarf bei 7 atü 0,5 bis 4 PS. Drehzahl: 1500, 1000 und 350. Die Kompressorgröße ist durch die minutlich anzusaugende Luftmenge bestimmt. Diese wird aus der Gesamtzahl der für den Betrieb des Krans benötigten Zylinderfüllungen, multipliziert mit der absoluten Luftpressung (meist 4 bis 6 at) ermittelt. Für etwaige Undichtigkeiten, Rohrleitungsverluste, besonders häufiges Manövrieren und schnelles Aufpumpen der Luftbehälter wird ein entsprechender Zuschlag gemacht.

2. Luftbehälter. Er hat den Zweck, eine größere, für den Betrieb erforderliche Druckluftmenge aufzunehmen. Die eingepumpte Luft wird in ihm abgekühlt und von mitgerissenem Öl und Staub gereinigt. Der Behälter wird aus Stahlblech zu-

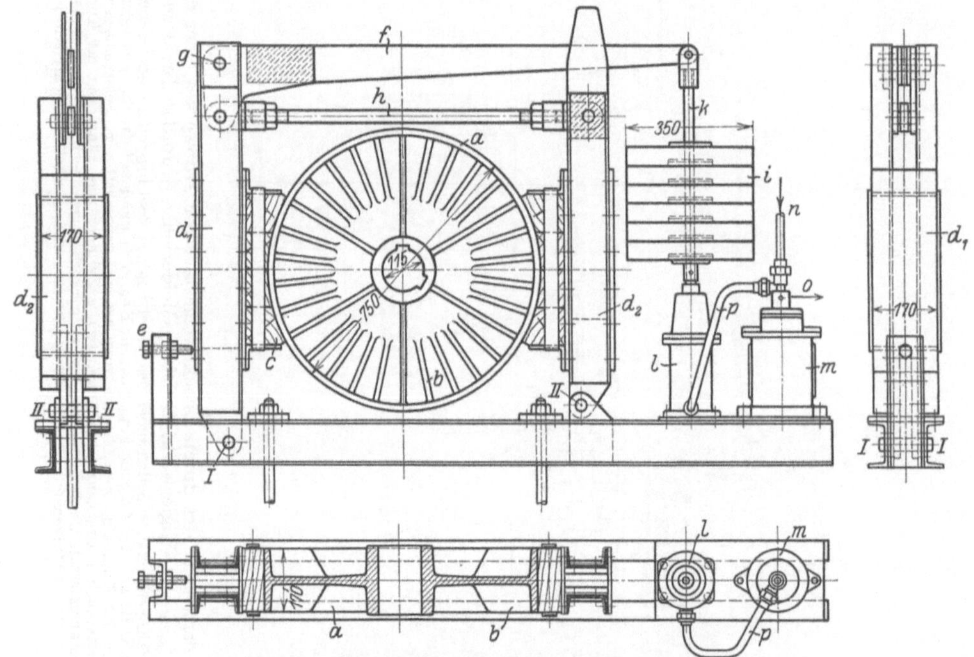

Abb. 174. Gewichtbelastete doppelte Backenbremse.

a Bremsscheibe, *b* Kühlrippen an *a*, *c* aus mehreren Teilen zusammengesetzte Buchenholzklötze, d_1—d_2 Bremshebel, mit den festen Drehpunkten I—II, *e* Stellschraube zum Einstellen des radialen Lüftweges, *f* Winkelhebel, dessen Drehpunkt *g* am Bremshebel d_1 angeordnet, *h* einstellbare Zugstange, den Winkelhebel *f* mit dem Bremshebel d_2 verbindend, *i* mehrteiliges Bremsgewicht, dessen Stange *k* oben am Hebel *f* gelenkig angreift und unten mit dem Kolben des Luftzylinders *l* verbunden ist, *m* Wechselstrom-Steuerventil, *n* Druckluft-Anschlußleitung, *o* Luftauslaß, *p* Druckluftleitung zwischen Steuerventil und Lüftzylinder.

sammengeschweißt und für einen normalen Betriebsdruck von 7 atü bemessen. Probedruck: 12 atü. Herstellung in vier Größen von 5 bis 200 l Inhalt.

Der Druck im Behälter wird durch einen selbsttätig arbeitenden Druckregler stets auf gleicher Höhe gehalten. Ist der Kompressor von einer Triebwerkleitung aus angetrieben, so wird bei Überschreiten des Höchstdruckes die Druckleitung zum Behälter abgeschlossen und der Kompressor drückt die Luft ins Freie. Bei Motorantrieb wird der Kompressor durch Ausschalten des Motorstromes stillgelegt.

Ein hinter dem Behälterausgang angeordnetes Sicherheitsventil verhindert bei etwaigem Versagen des Druckreglers ein gefährliches Steigen des Luftdruckes.

Der jeweilige Luftdruck ist an einem Druckmesser (Manometer) ablesbar.

3. Reibungskupplung. Sie hat die Aufgabe, den Motor zeitweise mit dem Triebwerk zu kuppeln und wird durch Druckluft gesteuert[1].

Herstellung der Reibungskupplungen in sieben Größen. Bohrung: 60 bis 160 mm. Durchmesser: 350 bis 1000 mm. Größtes übertragbares Drehmoment: 100 bis 2200 kgm. Höchstzulässige Drehzahl: 1650 bis herab auf 575.

4. Bremse. Die mit Druckluft gesteuerten Winden und Krane werden allgemein mit doppelten Backenbremsen (s. S. 17) ausgerüstet. Die Bremsen werden ent-

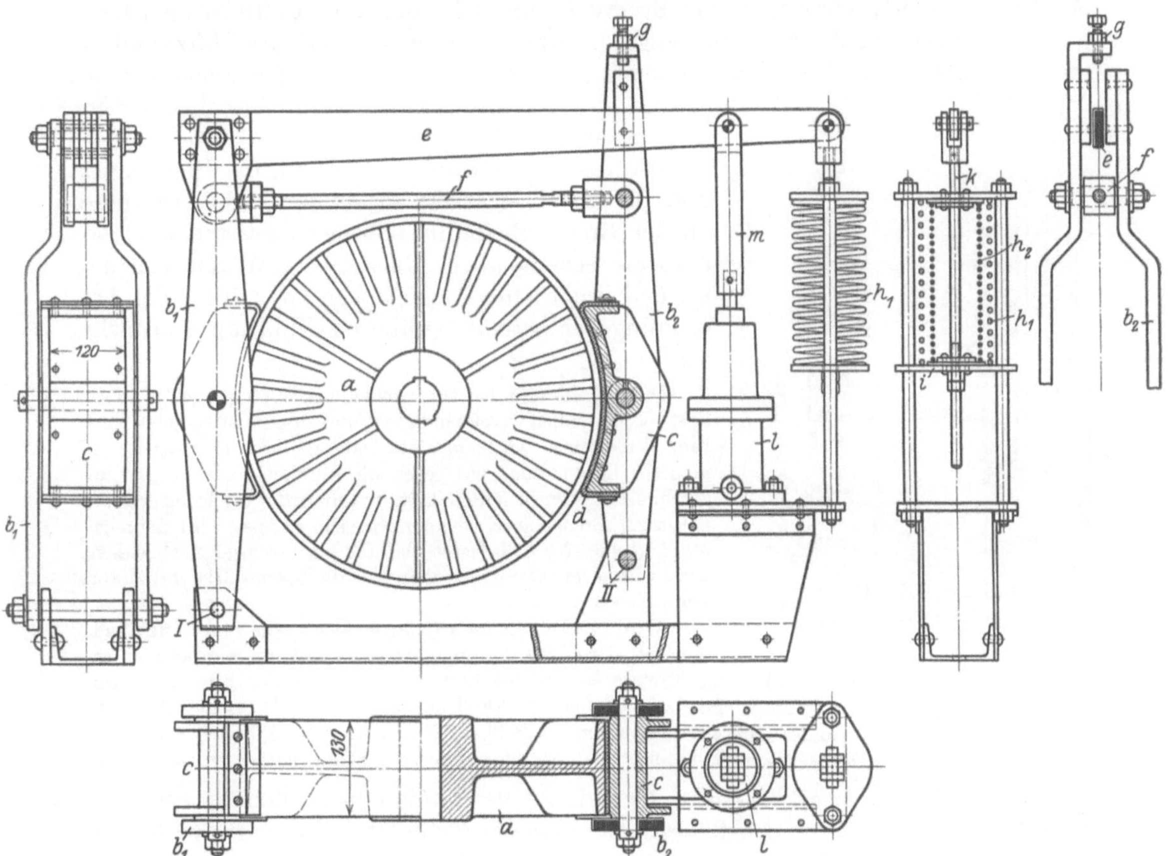

Abb. 175. Federbelastete doppelte Backenbremse.

a Bremsscheibe, b_1—b_2 Bremshebel mit dem festen Drehpunkte bei *I—II*, *c* Gußeiserne Bremsklötze gelenkig an den Bremshebeln angeordnet, *d* Ferodobelag, *e* Winkelhebel, dessen Drehpunkt am oberen Ende von b_1, *f* einstellbare Zugstange *e* und b_2 verbindend, *g* Stellschraube zum Einstellen des Lüftweges, h_1—h_2 Spiralfedern, mittels der Traverse, *i* die an *e* angreifende Zugstange *k* abwärts ziehend, wodurch die Bremse angezogen wird, *l* Bremszylinder, *m* Druckstange an der Kolbenstange des Lüftkolbens befestigt, und mit dem Winkelhebel *e* gelenkig verbunden.

weder durch ein Gewicht (Abb. 174) oder durch Federkraft (Abb. 175) belastet und durch Druckluft gelüftet.

Die Bremsscheiben werden aus Stahlguß hergestellt und erhalten zum schnellen Abführen der beim Bremsvorgang auftretenden Wärme radial liegende Kühlrippen. Ausführung in sieben Größen von 250 bis 1500 mm Durchmesser. Scheibenbreite: 70 bis 200 mm. Bohrung: 30 bis 160 mm. Höchstzulässige Drehzahl: 3800 bis herab auf 650. Größe Bremskraft: 175 bis 3000 kg. Die Gleitflächen der Bremsscheiben werden sauber geschliffen und im Betriebe geschmiert. Die Reibungszahl bleibt daher gleichmäßig, auch arbeitet die Bremse ruhig und stoßfrei und mit geringster Abnutzung.

---

[1] Druckluftgesteuerte Reibungskupplungen siehe: Volk, Einzelkonstruktionen aus dem Maschinenbau H. 11, Kupplungen.

Die Bremsbacken werden bei Senkbremsen aus Buchenholz hergestellt und an den Bremshebeln angeschraubt, bei Haltebremsen werden gußeiserne, mit Ferodofibre bewehrte Bremsbacken verwendet, die gelenkig an den Bremshebeln angeordnet werden.

Damit der Backendruck der Steuerkraft entsprechend abgestuft und eingestellt werden kann, muß das Bremsgestänge ohne schädliche Federung und mit geringster Bolzenreibung ausgeführt werden.

Hubwerkbremsen werden für gewöhnlich durch ein Bremsgewicht angezogen, damit auch bei ausbleibender Druckluft die Last sicher festgehalten wird. Bei großen Geschwindigkeiten und kurzen Bremswegen gibt man dagegen der Federkraft oder der Druckluft den Vorzug, da die Bremsen dann schneller und stoßfreier anziehen.

Die Übersetzung des Bremsgestänges (zwischen dem Kolbenhub des Lüftzylinders und dem Backenhub) soll, um einen genügend großen Abhub der Backen beim Lüften der Bremse zu behalten, im allgemeinen nicht größer als 1:40 sein.

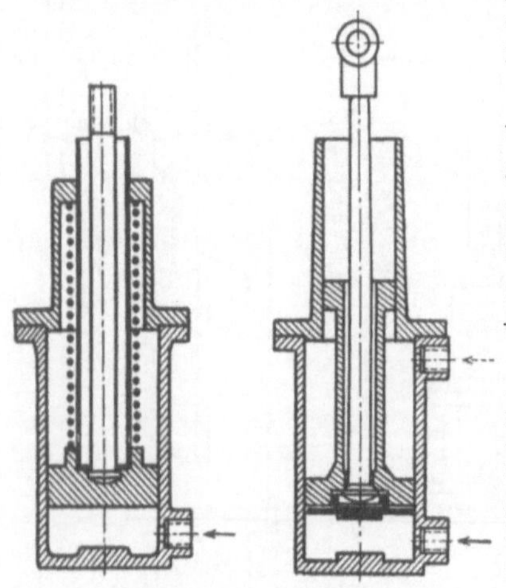

Abb. 176 und 177. Kupplungs- und Bremszylinder.

Die Größe der Bremse ist durch die Bremskraft und die abzubremsende Arbeit bestimmt. Da diese an der Bremsscheibe in Wärme umgesetzt wird, so muß die Scheibe zum Ableiten der Wärme eine genügend große Oberfläche haben, was durch die Anordnung der bereits erwähnten Kühlrippen erreicht wird.

Die Bremse wird bei Inbetriebnahme so eingeregelt, daß die Last aus der vollen Geschwindigkeit und stoßfrei stillgesetzt wird. Eine Senkbremse wird am einfachsten dadurch eingeregelt, daß man den Motor zunächst gegen die schwach belastete und ungeschmierte Bremse laufen läßt, wodurch die Unebenheiten der hölzernen Bremsklötze wegbrennen. Die Bremse wird dann geschmiert und so weit belastet, daß die am Stromzeiger abgelesene Stromstärke etwas kleiner bleibt als die Stromstärke des Motors beim Heben der Vollast.

Wird ein Druckmesser (Manometer) an die zum Lüftzylinder führende Druckleitung angeschlossen, so kann man an dem abgelesenen Luftdruck das Verhalten der Bremse beobachten und auf die Größe der Bremskraft und Reibungszahl schließen. Zieht die Bremse zu hart und mit Stoß an, so wird eine Drosselscheibe in die Auspuffleitung des Lüftzylinders eingesetzt, wodurch die Schließzeit verlängert wird. Ebenso kann auch das Lüften der Bremse verzögert werden, wenn der Druckluftstrom vor dem Steuerventil abgedrosselt wird.

5. Kupplungs- und Bremszylinder. Bei den Einkammerzylindern (Abb. 176) tritt die Druckluft nur unterhalb des Kolbens in den Zylinder und bewegt den Kolben aufwärts. Wird die Luft ausgelassen, so wird der Kolben durch eine, im oberen Zylinderraum liegende Spiralfeder wieder in seine tiefste Lage zurückgeführt.

Bei den Zweikammerzylindern (Abb. 177) wird der Kolben durch die Druckluft nach oben oder nach unten bewegt. Die untere Kammer mit der größeren Kolbenfläche wird durch das Steuerventil gesteuert, während die obere dauernd mit dem Luftbehälter verbunden ist.

Zum Steuern der Bremsen werden je nach den Anforderungen, die an die Bremse gestellt werden, Ein- oder Zweikammerzylinder verwendet. Zweikammerzylinder kommen in Frage, wenn große Massen beim Anhalten der Last abzubremsen sind und das Bremsgewicht gegenüber dem zum Lastsenken erforderlichen Gewicht groß ausfällt. Das kleine, bei ausbleibender Druckluft nur zum Lasthalten dienende Bremsgewicht hat, besonders bei Antrieb des Kompressors, durch das Hubwerk den Vorzug, daß der Motor während des Aufpumpens des Luftbehälters die Vollast ohne schädliche Überlastung gegen die angezogene Bremse heben kann. Es braucht daher keine Rücksicht auf das Anfahren bei ausbleibender Druckluft genommen zu werden.

Die Kolbenstangen sind mit den Kolben durch Kugelgelenke verbunden und sind nach allen Richtungen um einen größten Ausschlagwinkel von 3° einstellbar. Das freie Kolbenstangenende hat eine Gabel, an die der Brems- oder Kupplungshebel angeschlossen wird. Kolben und Zylinder sind durch Lederstulpen gegeneinander abgedichtet.

Die Zylinder werden je nach Bedarf senkrecht oder wagerecht angeordnet und müssen leicht zugänglich sein.

6. Steuerorgane. Die Kupplungs- und Bremszylinder werden je nach den an den Kran gestellten Anforderungen von Hand oder elektrisch gesteuert.

Wenn angängig, bevorzugt man die Handsteuerventile, da sie betriebssicherer sind und nicht von den Zufälligkeiten des elektrischen Stromes abhängen. Auch ist die Druck- und Geschwindigkeitsregelung feiner, da der Führer die Ventile unmittelbar und gefühlsmäßig bedient.

Abb. 178 zeigt ein Handsteuerventil zum Steuern eines Bremszylinders. Der im Gehäuse befindliche Flachschieber wird durch eine Feder auf den Schieberspiegel gedrückt und durch eine Spindel vermittels eines Handhebels gedreht. Je nach der Stellung des Handhebels, dessen Ausschlag begrenzt ist, wird die Druckluft in den Zylinder ein- oder ausgelassen. Sind mehrere Zylinder, bei denen es nur auf Volldruckregelung ankommt, zu steuern, z. B. zwei auf Abb. 178, so wird das Ventil statt für zwei für mehrere Rohranschlüsse eingerichtet.

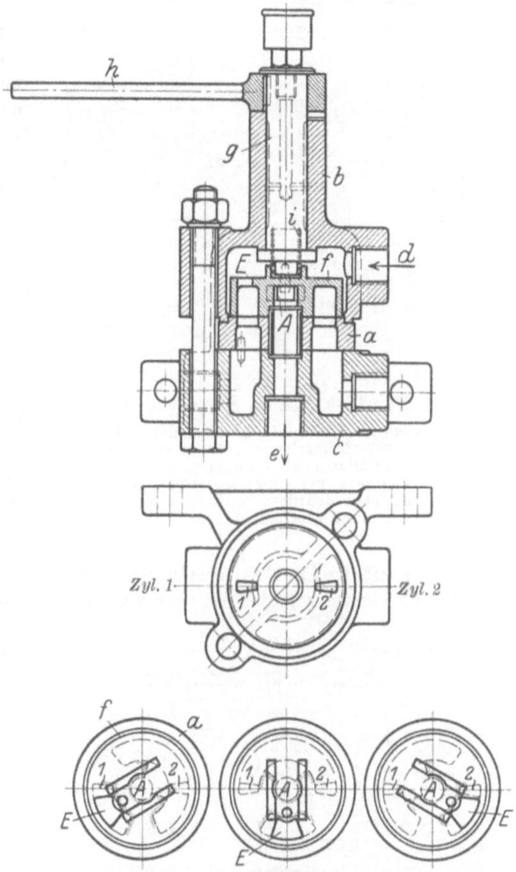

Die elektrischen Steuerventile werden mit Hilfe eines Elektromagneten gesteuert. Ausführung für Gleichstrom und einphasigen Wechselstrom.

Abb. 179 gibt den Schnitt durch ein Wechselstrom-Steuerventil und läßt dessen Arbeitsweise erkennen. Wird der Strom eingeschaltet, so zieht der Magnet den Anker an, die Druckstange geht nach oben, öffnet das Druckluft-Einlaßventil und schließt das Auslaßventil. Die Druckluft geht daher vom Luftbehälter nach dem zu steuernden Zylinder. Wird der Strom unterbrochen, so läßt der Magnet den Anker los, die Druckstange geht unter dem Einflusse ihres Gewichtes abwärts und schließt das Lufteinlaßventil, während sie die Bohrung des Luftauslasses freigibt.

Zum Ein- und Ausschalten des Magneten wird der Motorschalter herangezogen oder es wird ein Druckknopf verwendet, der ein leichtes Manövrieren ermöglicht. Der Druckknopf kann von Hand oder durch Fußtritt eingeschaltet werden und wird durch Federkraft ausgeschaltet. Durch mehrmaliges kurzes oder längeres Drücken auf den Steuerknopf ist die Druckluftpressung im Bremszylinder derart regelbar, daß die kleinsten Senkwege und Geschwindigkeiten eingestellt werden können.

Abb. 178. Handsteuerventil.

a Schieberspiegel, durch Schrauben mit dem Oberteil *b* und dem Unterteil *c* verbunden, *d* Druckluft-Eintritt, *e* Druckluft-Austritt, Zyl. *1* und Zyl. *2* (Anschlüsse des Kupplungs- bzw. Bremszylinders), *f* Schieber mit Eintrittskanal *E* und Austrittskanal *A*, *g* Spindel, *h* Handhebel zur Spindel, *i* Feder, den Schieber auf den Spiegel *a* drückend, *1* und *2* Kanäle in *a* nach Zyl. *1* bzw. Zyl. *2* führend.
Stellung *I*: Zyl. *1* mit Einlaß verbunden. — Zyl. *2* mit Auslaß verbunden.
Stellung *II*: Zyl. 1 u. 2 mit Auslaß verbunden.
Stellung *III*: Zyl. *1* mit Auslaß verbunden. — Zyl. *2* mit Einlaß verbunden.

Werden weitgehende Forderungen hinsichtlich der Druckregelung gestellt, so empfiehlt sich die Anwendung eines Bremsdruckreglers[1].

7. Senkbremsregler (Abb. 180). Er hat die Aufgabe, die Druckluftpressung im Bremszylinder und damit die Bremskraft in Abhängigkeit von der Geschwindigkeit zu regeln. Der Regler wirkt nur in einer Drehrichtung (im Senksinne der Last), und zwar derart, daß er durch Auslassen von Druckluft aus dem Bremszylinder die Bremse anzieht. Er besteht im wesentlichen aus einer Fliehkraftbremse, deren

---

[1] Bauart Jordan-Schönfeld.

Welle mit einer der Triebwerkwellen gekuppelt wird, einem Kolbenschieber, der je
nach seiner Stellung die zum Bremszylinder führende Leitung mit der Druckluftleitung oder mit der Außenluft verbindet
und einem Stirnrädergetriebe, das die Bewegung der Fliehkraftbremse auf den Kolbenschieber überträgt.

Die Arbeitsweise des Senkbremsreglers ist derart,
daß er die Geschwindigkeit nur in dem eingezeichneten
Senkdrehsinn regelt, da bei dieser die Fliehkraftbremse
den Kolbenschieber steuert und den Bremszylinder an
der Außenluft liegt. In entgegengesetzter Drehrichtung
(Hubdrehsinn) ist der Bremszylinder dauernd mit dem
Luftbehälter verbunden, so daß die Bremse gelüftet
bleibt.

Wird das Hubwerk im Senksinne geschaltet, so
strömt die vom Steuerventil (s. Abb. 173, S. 83) kom-
mende Druckluft in den linken Zylinder des Bremskraft-
reglers und bringt den Kolbenschieber in die rechte
Endstellung. Die Druckluft tritt durch die Leitung k in den
Kanal l und die Leitung i zum Bremszylinder. Ist die
Druckluftpressung im Bremszylinder so groß geworden,
daß die Bremse die Last nicht mehr hält, so verschließt der
Kolbenschieber, durch die Fliehkraftbremse bei Beginn
der Senkbewegung gesteuert, den zum Bremszylinder
führenden Kanal. Die Bremse kann sich daher nicht
weiter lüften und ohne gefährliche Beschleunigung steigt
die Senkgeschwindigkeit auf ihren Größtwert.

Die auf den Schieber einwirkenden drei Kräfte,
die Verstellkraft der Fliehkraftbremse und die Kräfte der beiden Kolben suchen sich während des Senkens
im Gleichgewicht zu halten und zwingen den Schieber in der Abschlußstellung zu bleiben. Allen Be-

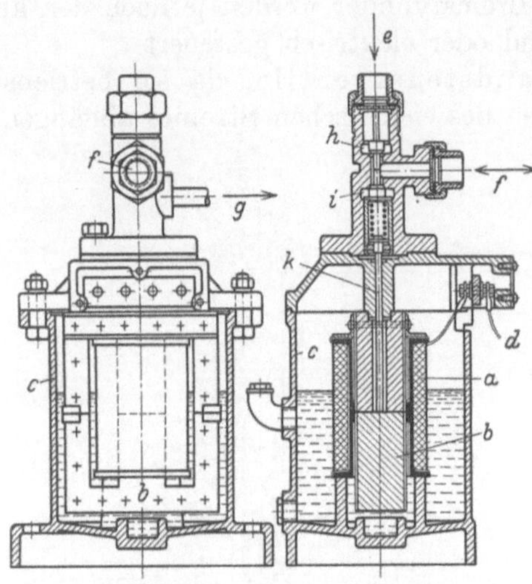

Abb. 179. Elektrisches Steuerventil.

a Spule, b Anker, c Gehäuse (mit Öl gefüllt), d Kabel-
anschluß, e Drucklufteintritt, f Leitung zum Bremszylinder, g Druckluftaustritt, h Einlaßventil, i Auslaßventil, k Druckstange, bei eingeschalteter Spule durch
den Anker nach oben gedrückt, wodurch i geschlossen
und h geöffnet wird.

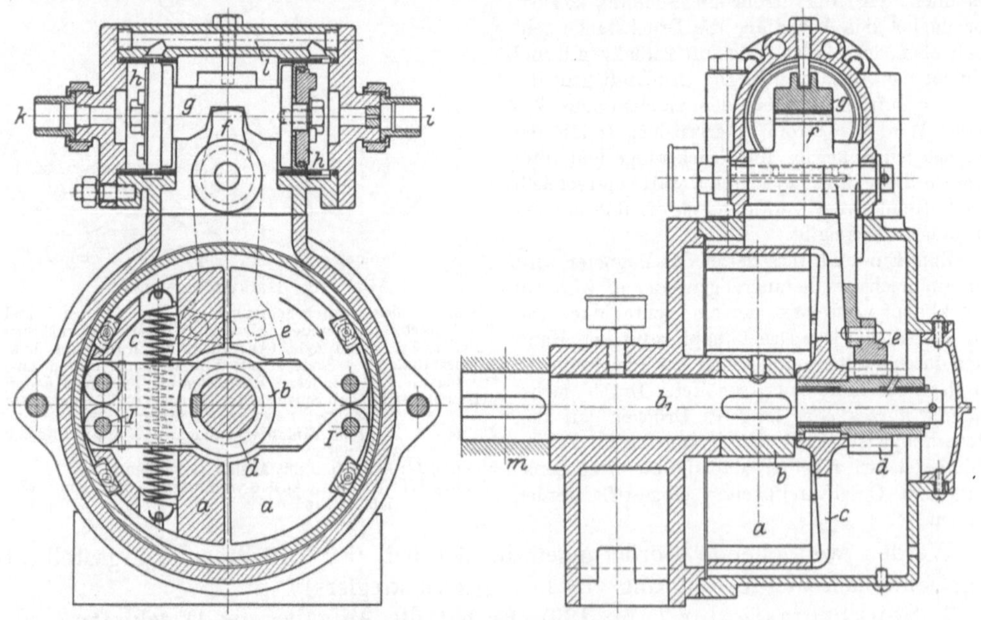

Abb. 180. Senkbremsregler.

a Schwunggewichte mit hölzernen Schleifbacken, b Halter zu a auf der Welle b_1 aufgekeilt, I Drehpunkte von a an b, c Schleif-
ring, auf der Nabe des lose auf der Welle sitzenden Ritzels d aufgekeilt, e Zahnradsegment mit d kämmend und an einem
Hebel des Daumenstückes f befestigt, g Kolbenschieber, in dessen Aussparung f eingreift, h Kolben mit Lederdichtung,
i Leitung zum Bremszylinder, k Druckleitung, l Kanal, k mit i oder dem Druckluftauslaß verbindend.

lastungsschwankungen, durch Ändern der Antriebkraft oder der Bremskraft, trägt der Schieber sofort
durch Ein- oder Auslassen von Luft Rechnung. Das gleiche geschieht auch bei etwaigen Undichtigkeiten,
unabhängig von der Fliehkraftbremse und bevor eine Geschwindigkeitsänderung der Last eintritt.

Wird an den Bremszylinder ein Druckmesser angeschlossen, so kann das Arbeiten der Bremse beobachtet werden, da die abgelesene Luftpressung auf die Größe der abzubremsenden Last schließen läßt.

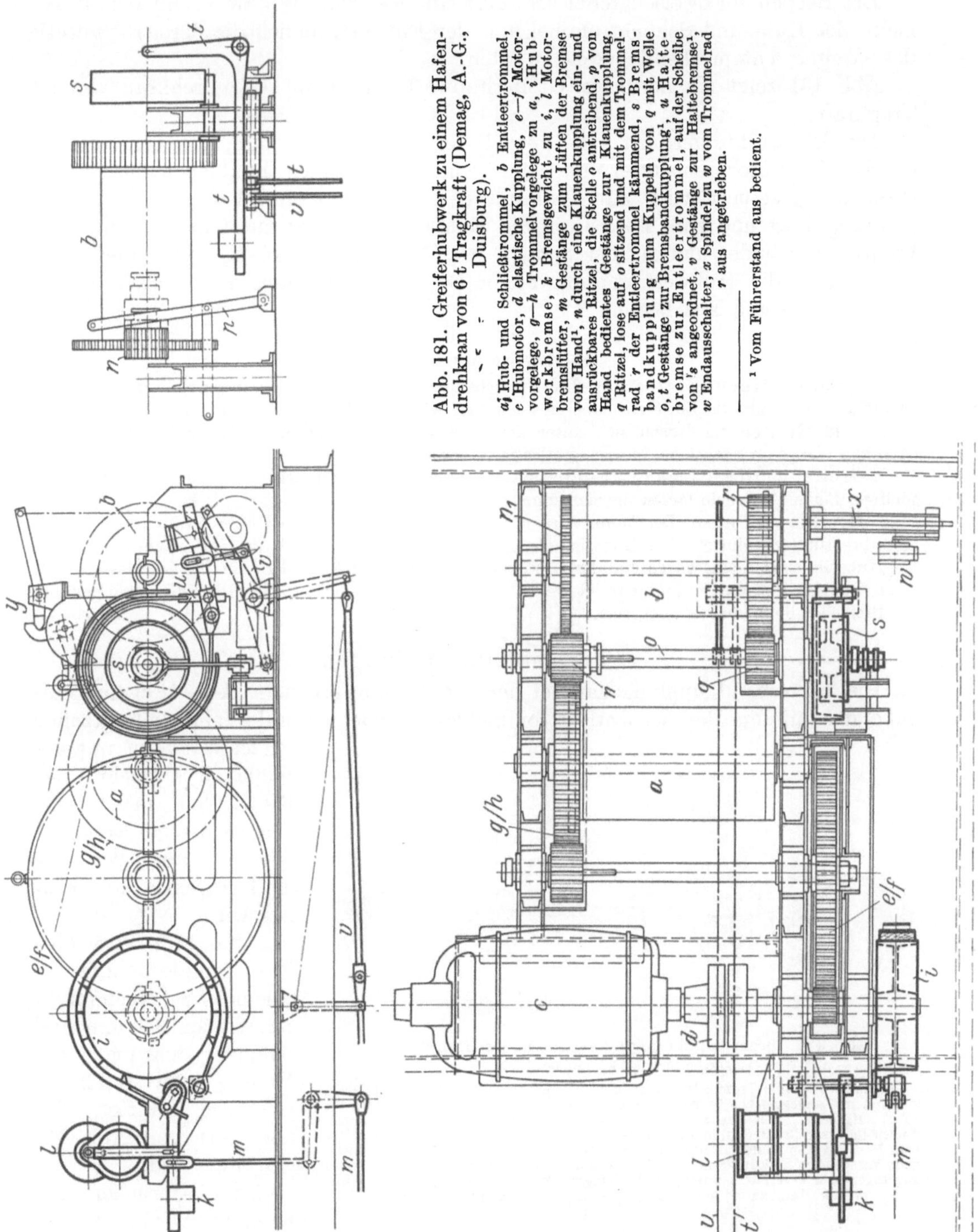

Abb. 181. Greiferhubwerk zu einem Hafendrehkran von 6 t Tragkraft (Demag, A.-G., Duisburg).

a Hub- und Schließtrommel, b Entleertrommel, c Hubmotor, d elastische Kupplung, e—f Motorvorgelege, g—h Trommelvorgelege zu a, i Hubwerkbremse, k Bremsgewicht zu i, l Motorbremslüfter, m Gestänge zum Lüften der Bremse von Hand[1], n durch eine Klauenkupplung ein- und ausrückbares Ritzel, die Stelle o antreibend, p von Hand bedientes Gestänge zur Klauenkupplung, q Ritzel, lose auf o sitzend und mit dem Trommelrad r der Entleertrommel kämmend, s Bremsbandkupplung zum Kuppeln von q mit Welle o, t Gestänge zur Bremsbandkupplung[1], u Haltebremse zur Entleertrommel, auf der Scheibe von s angeordnet, v Gestänge zur Haltebremse[1], w Endausschalter, x Spindel zu w vom Trommelrad r aus angetrieben.

[1] Vom Führerstand aus bedient.

Der Senkbremsregler hält während der ganzen Zeit des Lastsenkens die mechanische Bremse offen und auch bei Leerlauf werden die Bremsbacken nur so weit abgehoben, daß Arbeitsverluste durch Schleifen vermieden werden. Beim Anhalten wird daher keine Zeit für das Einfallen der Bremse verloren.

Die durch den Regler eingestellte Senkgeschwindigkeit ist im Betriebe von der in der Zuleitung herrschenden Druckluftpressung abhängig. Sie steigt mit der Druckluftpressung und ist daher zwischen Null und einem Größtwert regelbar.

b) Bremsbandkupplungen und Entleerbremsen für Greiferhubwerke.

Der Betrieb der Zweiseilgreifer erfordert ein besonderes Windwerk mit zwei Trommeln, der Hub- und Schließtrommel und der Entleertrommel, die der Arbeitsweise des Greifers entsprechend bewegt werden.

Abb. 181 zeigt ein normales Greiferhubwerk zu einem Hafendrehkran von 6 t Tragkraft.

Die Hubwerkbremse ist eine gewichtbelastete Bandbremse, die beim Heben durch einen Motorbremslüfter und beim Senken durch einen Handhebel vom Führerstand aus gesteuert wird. Zum Ankuppeln der Entleertrommel dient eine Bremsbandkupplung und zum Festhalten die Entleerbremse, die meist als Schlingbandbremse ausgebildet und auf der Scheibe der Bremsbandkupplung angeordnet wird. Ebenso wie die Hubwerkbremse werden Bremsbandkupplung und Entleerbremse vom Führerstand aus bedient.

Arbeitsweise des Hubwerks.

1. **Greifer öffnen (Entleeren).** Die Bremsbandkupplung ist offen und die Entleerbremse wird angezogen, wodurch die Entleertrommel festgehalten wird. Die Hubbremse wird von Hand gelüftet, Motor und Hubtrommel drehen sich unter dem Einfluß des Traversen- und Schalengewichtes des Greifers so lange im Senksinne, bis der Greifer ganz geöffnet ist.

2. **Greifer geöffnet senken.** Die Bremsbandkupplung wird eingerückt und beide Bremsen werden gelüftet. Beide Trommeln laufen im Senksinne um.

3. **Greifer schließen.** Der Motor wird auf „Heben" geschaltet. Die Hubbremse wird durch den Motorbremslüfter gelüftet. Die Bremsbandkupplung ist ausgerückt und die Entleerbremse gelüftet. Die Hubseile werden eingezogen und der Greifer wird durch Hochziehen der Traverse geschlossen.

4. **Greifer heben.** Der Motor treibt beide Trommeln im Hubsinne an. Beide Bremsen sind gelüftet, die Bremsbandkupplung ist eingerückt.

1. Bremsbandkupplungen.

Die Bremsbandkupplung hat bei den Greiferhubwerken (s. Abb. 181) die Aufgabe, das mit dem Rad der Entleertrommel kämmende, lose auf seiner Welle sitzende Ritzel zeitweise mit der Welle zu kuppeln. Das Ritzel hat meist eine angegossene Bremsscheibe, auf der die Entleerbremse angeordnet wird.

Abb. 182 zeigt eine Bremsbandkupplung mit einem Scheibendurchmesser von 350 mm und 50 mm Bohrung. Die Bremse wird durch ein Gestänge betätigt, das nach Art von Abb. 181 gestaltet wird.

Zum Einrücken der Kupplung wird die Muffe *l*

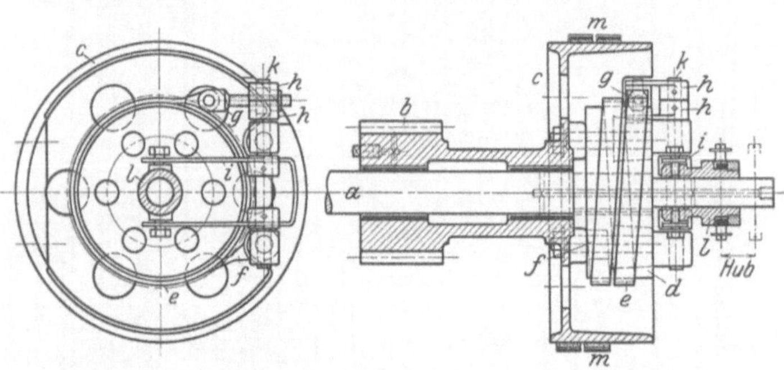

Abb. 182. Bremsbandkupplung zu einem Greiferhubwerk
(Losenhausenwerk, Düsseldorf).

a Vorgelegewelle, vom Trommelrad der Hub- und Schließtrommel aus angetrieben, *b* Ritzel mit angegossener Bremsscheibe *c*, lose auf *a* sitzend, *d* Kupplungsscheibe auf *a* aufgekeilt, *e* mit Ferodo belegtes Spiralband, *f* fester Anschluß von *e* an *c*, *g* nachstellbarer Bandanschluß an den Hebeln *h—h* angreifend, *i—i* mit den Hebeln *h—h* auf dem an der Bremsscheibe gelagerten Drehbolzen *k* verstiftet, *l* Muffe, beim Verschieben nach links die Hebel *i* und *h* drehend, wodurch das Band (bei *g*) angezogen und *b—c* mit *a* durch den Reibungsschluß von *d* und *e* gekuppelt wird, *m* Bremsband zu der auf der Kupplung angeordneten Entleerbremse.

um den erforderlichen Weg nach links verschoben, die Hebel *i* und *h* werden gedreht, wodurch das Bandende *g* angezogen und der erste Gang des Schraubenbandes *e* fest auf die Hartgußmuffe *d* gepreßt wird. Durch die hierbei erzeugte Reibung werden die übrigen Gänge ebenfalls angezogen und auf die Hartgußmuffe gepreßt. Durch den Reibungsschluß von Band und Muffe werden Ritzel und Bremsscheibe mit der Welle gekuppelt.

Die Gesamtreibung aller Schraubengänge wird so groß gewählt, daß das Drehmoment der Welle mit der erforderlichen Sicherheit auf das Stirnrädergetriebe übertragen wird.

Da die Reibung der Schraubengänge gleich der eines in mehreren Windungen um eine Spilltrommel gelegten Drahtseiles ist, so ist zum Anziehen der Feder nur ein geringer Anpressungsdruck erforderlich.

Zum Lösen der Kupplung wird die Verschiebemuffe nach rechts bewegt, das Schraubenband wird gelüftet und der Reibungsschluß aufgehoben. Beim Drehen der Welle läuft daher nur die auf ihr aufgekeilte Muffe mit. Diese wird in Rücksicht auf möglichst geringen Verschleiß zweckmäßig in Hartguß ausgeführt.

2. Entleerbremsen.

Die Entleerbremsen werden, um die zur Bedienung erforderliche Handkraft (oder Fußkraft) niedrig zu halten, meist als Schlingbandbremse ausgeführt. Schlingbandbremsen s. S. 46 und 54.

Die auf Abb. 183 dargestellte Entleerbremse wird meist in Verbindung mit einer Bremsbandkupplung (Abb. 182) angewendet.

Das Schlingband der Bremse, wie auch das der Kupplung sind zur Erzielung einer größeren Reibungszahl mit Ferodofibre bewehrt.

Der Handhebel zur Bedienung der Bremse ist mit einer Falle versehen,

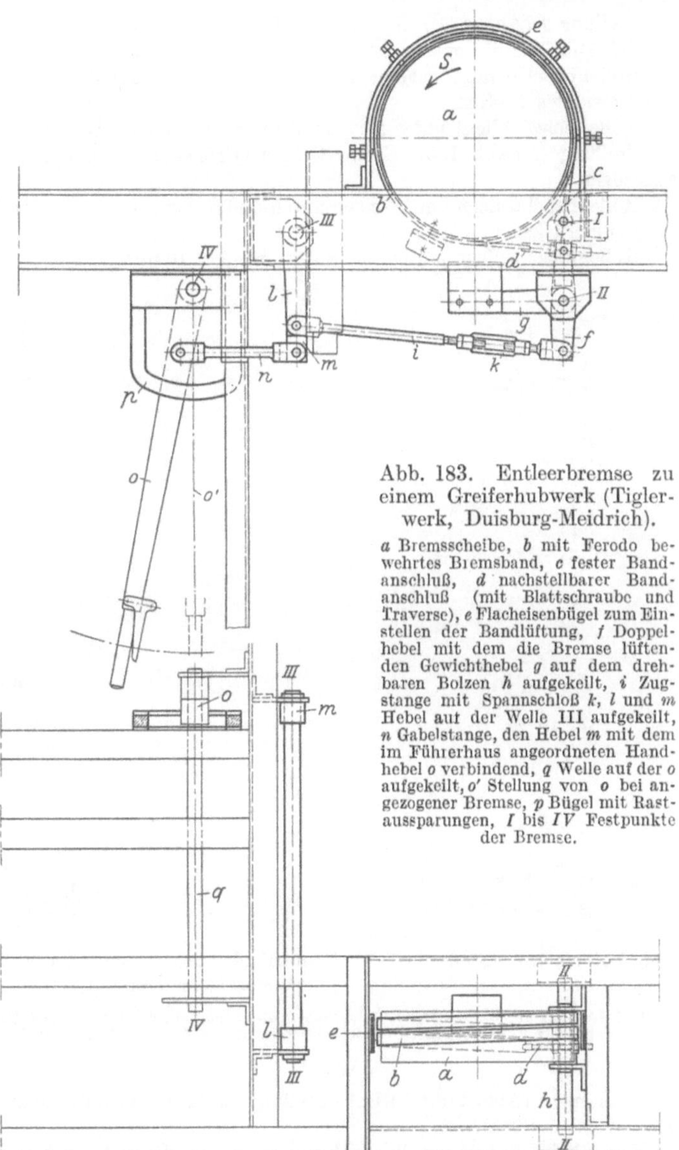

Abb. 183. Entleerbremse zu einem Greiferhubwerk (Tiglerwerk, Duisburg-Meidrich).

a Bremsscheibe, *b* mit Ferodo bewehrtes Bremsband, *c* fester Bandanschluß, *d* nachstellbarer Bandanschluß (mit Blattschraube und Traverse), *e* Flacheisenbügel zum Einstellen der Bandlüftung, *f* Doppelhebel mit dem die Bremse lüftenden Gewichthebel *g* auf dem drehbaren Bolzen *h* aufgekeilt, *i* Zugstange mit Spannschloß *k*, *l* und *m* Hebel auf der Welle III aufgekeilt, *n* Gabelstange, den Hebel *m* mit dem im Führerhaus angeordneten Handhebel *o* verbindend, *q* Welle auf der *o* aufgekeilt, *o'* Stellung von *o* bei angezogener Bremse, *p* Bügel mit Rastaussparungen, *I* bis *IV* Festpunkte der Bremse.

die in die beiden Rasten (Bremse gelüftet und Bremse angezogen) eines kreisförmigen Bügels eingreift. Die Lage der Rasten wird bei der Montage des Kranes festgelegt. Das Bremsgestänge erhält durch den Einbau eines Spannschlosses die erforderliche Nachstellbarkeit.

Die bei einem Greiferhubwerk der üblichen Bauart zu bedienenden Steuerorgane sind: das Handrad der Steuerwalze, der Handhebel zum Lüften der Hubbremse (bei stromlosem Senken des Greifers), der Handhebel zum Einrücken der Bremsbandkupplung und der Handhebel zum Anziehen der Entleerbremse.

Bei dem Greiferhubwerk, Bauart Ago[1], werden die Kupplung und die Entleerbremse durch einen gemeinsamen Hebel bedient. Es wird daher ein Hebel gespart und die Steuerung des Hubwerks wird einfacher und übersichtlicher.

Die Steuervorrichtung zum Einrücken der Bremsbandkupplung und zum Anziehen der Entleerbremse ist auf den Abb. 184 bis 187 in den einzelnen Stellungen des Handhebels schematisch dargestellt.

Stellung *I* (Abb. 184): Greifer-Schließen, sowie Heben und Senken des geschlossenen Greifers.

Schraubenbandkupplung offen; Entleerbremse gelüftet. Spielraum $\lambda_1 = 40$ mm; Maß $\gamma_1 = 50$ mm.

Rollenhebel *6* liegt wagerecht und frei. Die Schraubenbandkupplung ist daher unter dem Einfluß des Gewichtes *6* offen.

Rollenhebel *8* liegt unter 21° zur Wagerechten nach oben und lüftet die Entleerbremse.

Stellung *II* (Abb. 185): Greifer-Öffnen (Entleeren). Schraubenbandkupplung offen; Entleerbremse angezogen.

Rollenhebel *6* liegt um 15° nach unten und drückt gerade auf den Kupplungshebel *7*, ohne die Kupplung einzurücken.

Rollenhebel *8* liegt wagerecht. Spielraum $s = 10$ mm.

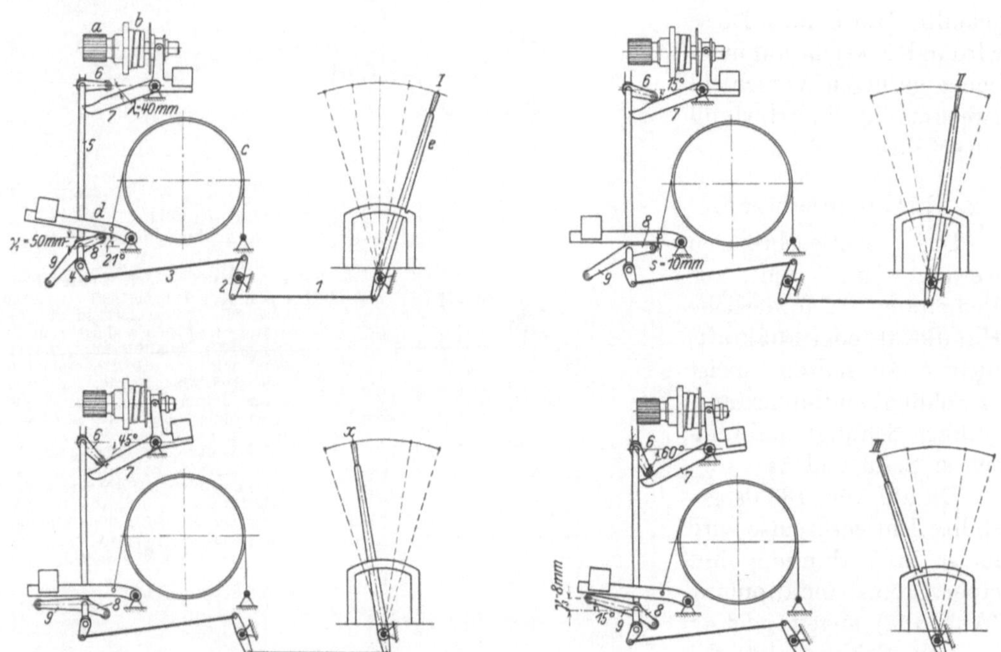

Abb. 184 bis 187. Steuerung der Bremsbandkupplung und der Entleerbremse eines Greiferhubwerks (schematische Darstellung).

a Ritzel, lose auf der Welle sitzend, *b* Schraubenbandkupplung, *c* Entleerbremse (Haltebremse), *d* Gewichtbelasteter Bremshebel zur Entleerbremse, *e* Steuerhebel (Handhebel mit Falle), *1* bis *9* Gestänge zur Bedienung von *b* und *c*.

Stellung *x* (Abb. 186): Zwischenstellung. Schraubenbandkupplung geschlossen, Entleerbremse angezogen.

Rollenhebel *6* liegt um 45° nach unten und bei Beginn der kreisförmigen Ausbuchtung des Hebels.

Rollenhebel *8* liegt frei, desgl. Rollenhebel *9*, der wagerecht liegt.

Stellung *III* (Abb. 187): Heben und Senken des geöffneten Greifers.

Schraubenbandkupplung geschlossen; Entleerbremse gelüftet.

Rollenhebel *6* liegt unter 60° zur Wagerechten.

Rollenhebel *9* liegt um 15° oberhalb der Wagerechten. Maß $\gamma_3 = 80$ mm.

Die Steuerung schließt Fehlgriffe, die ein Abstürzen des Greifers oder unzulässige Beanspruchungen in den Seilen und im Triebwerk hervorrufen können, mit Sicherheit aus.

---

[1] Arnold Georg, A.-G. Neuwied.

c) Selbsttätige Windschutzbremse für fahrbare Verladebrücken und Krane[1].

Bei Verladebrücken und anderen fahrbaren Kranen sind schon öfters größere Unfälle durch unbeabsichtigtes Fahren infolge starken Winddruckes hervorgerufen worden. Derartige Unfälle kommen hauptsächlich bei Verladebrücken in Hafenanlagen vor, wo eine nicht sachgemäß festgestellte Brücke durch Sturm ins Rollen kommt, über eine Kaimauer stürzt oder mit einem Gebäude oder sonstigem Gegenstand zusammenstößt.

Um derartige Unfälle zu verhindern, hat die Maschinenfabrik Eßlingen, Eßlingen a. N., eine selbsttätige Windschutzbremse eingebaut, durch die das unbeabsichtigte Fahren einer Verladebrücke durch Winddruck mit voller Sicherheit vermieden wird. Die Bremse wird an den Radgestellen der Brücke angeordnet, wird durch das Drehen eines Laufrades betätigt und stellt die zu rollen beginnende Verladebrücke nach Zurücklegen eines kleinen Fahrweges fest.

Die Windschutzbremse ist bereits in mehreren Verladebrücken, darunter einer von 8 t Tragkraft und 150 m Brückenlänge im Rheinhafen Mannheim-Rheinau, eingebaut und hat sich bewährt.

Abb. 188 zeigt den Einbau der Windschutzbremse und erläutert ihre Arbeitsweise. Beginnt die Brücke zu rollen, so dreht sich das Laufrad c und mit ihm das

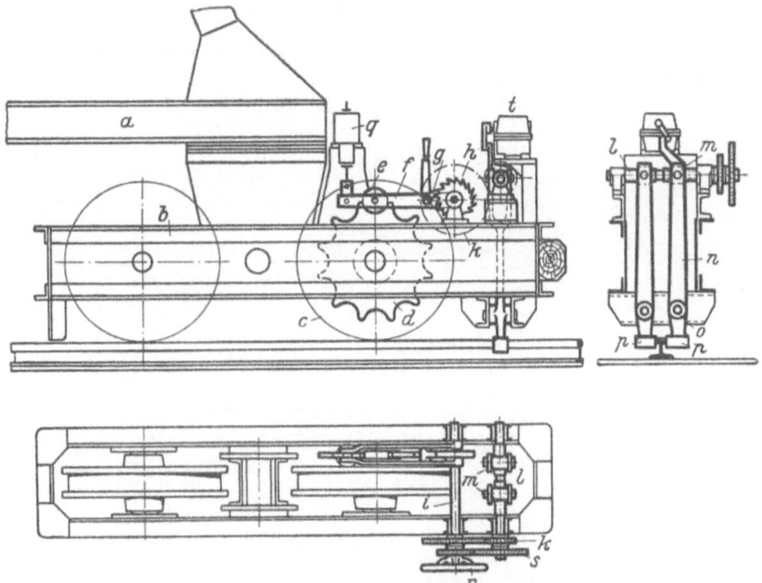

Abb. 188. Anordnung der Windschutzbremse auf dem Radgestell einer Verladebrücke.

auf der Laufradnabe aufgekeilte Rad d, das die Scheibe e und damit den Hebel f fortlaufend hebt und senkt. Durch diese Bewegung und mittels der Klinke g wird das Sperrad h und dessen Welle i gedreht. Diese Drehbewegung wird durch ein Stirnrädergetriebe k auf eine Spindel l mit Rechts- und Linksgewinde übertragen. Beim Drehen der Spindel vergrößern die Wandermuttern m ihren Abstand, und die gelenkig an ihnen angreifenden Zangenhebel n, die bei o drehbar sind, drücken die

---

[1] Maschinenbau 1925, S. 1224.

Backen p so lange gegen die Schiene, bis die Brücke festgestellt ist. Dieser Bremsvorgang geht wegen der großen stillzusetzenden Massen allmählich vor sich.

Da die Windschutzbremse nur bei unbeabsichtigter Fahrbewegung wirken darf, so muß sie, wenn die Brücke betriebsmäßig fahren soll, ausgeschaltet sein. Zu diesem Zweck ist der Hebel f an einen Magnetbremslüfter q angeschlossen, der bei Einschalten des Kranfahrmotors ebenfalls Strom erhält und den Hebel f mit der Scheibe e anhebt. Das Rad d läuft nunmehr ohne Wirkung auf die Windschutzbremse.

Damit der Kranfahrmotor bei angezogener Bremse nicht eingeschaltet werden kann, ist noch ein Kurbelschalter t vorgesehen, der den Motorstrom so lange unterbricht, als die Bremse angezogen ist. Vor Einleiten einer Fahrbewegung muß daher die Bremse von Hand gelüftet werden, was mit Hilfe des Handrades r und des Stirnrädervorgeleges s geschieht. Durch dieses Handrad kann die Schienenzange auch von Hand angezogen werden, was täglich mindestens einmal geschieht. Da ein selbsttätiges Bremsen nur selten in Frage kommt, so ist durch den noch hinzukommenden Handantrieb ein Verrosten der Einzelteile ausgeschlossen und ein sicheres Wirken der Bremse im Gefahrfalle gewährleistet.

Die Windschutzbremse ist mindestens an zwei gegenüberliegenden Radgestellen anzuordnen. Bei größeren Verladebrücken sind vier Windschutzbremsen erforderlich.

Die Bremse wird entweder nach Abb. 188 eingebaut, oder es wird ein besonderer einrädriger Bremswagen gelenkig an das Radgestell angeschlossen. Das die Bremse betätigende Antriebrad wird dann auf der Nabe des Bremswagen-Laufrades aufgekeilt. Diese Anordnung ermöglicht es, die Windschutzbremse an jede vorhandene Verladebrücke nachträglich anzubauen.

Die Maschinenelemente. Ein Lehr- und Handbuch für Studierende, Konstrukteure und Ingenieure. Von Professor Dr.-Ing. Felix Rötscher, Aachen. In zwei Bänden.
Erster Band: Mit Abbildung 1—1042 und einer Tafel. XX, 600 Seiten. 1927.
Gebunden RM 41.—
Zweiter Band: Mit Abbildung 1043—2296. XX, 754 Seiten. 1929. Gebunden RM 48.—

Mehrfach gelagerte, abgesetzte und gekröpfte Kurbelwellen. Anleitung für die statische Berechnung mit durchgeführten Beispielen aus der Praxis. Von Professor Dr.-Ing. A. Gessner, Prag. Mit 52 Textabbildungen. IV, 96 Seiten. 1926.
RM 8.10

Die Ermittlung der Kegelrad-Abmessungen. Berechnung und Darstellung der Drehkörper von Präzisions-Kegelrädern und kurzer Abriß der Herstellung. Tabellen aller Abmessungen für die gebräuchlichsten Übersetzungsverhältnisse. Von Oberingenieur Karl Golliasch. Mit 96 Abbildungen im Text. 61 Seiten. 1923. Gebunden RM 15.75

Die Teilung der Zahnräder und ihre einfachste rechnerische Bestimmung. Von Ingenieur G. Hönnicke. Mit 26 Textabbildungen. IV; 115 Seiten. 1927. RM 6.—

Die Satzrädersysteme der Evolventenverzahnung. Grundlagen und Anleitung zu ihrer Berechnung. Von Dr.-Ing. Paul Krüger. Mit 30 Abbildungen. VI, 88 Seiten. 1926. RM 8.40

Theoretische Untersuchungen für Maschinenbau und Bearbeitung. 1. Heft: Evolventenverzahnung. Von Professor Dipl.-Ing. H. Friedrich, Chemnitz. Mit 67 Abbildungen im Text und 10 Tabellen. VI, 77 Seiten. 1928. RM 7.—

Getriebelehre. Eine Theorie des Zwanglaufes und der ebenen Mechanismen. Von Professor M. Grübler, Dresden. Mit 202 Textfiguren. VIII, 154 Seiten. 1917. Unveränderter Neudruck 1921. RM 4.20

Fahrzeug-Getriebe. Beschreibung, kritische Betrachtung und wirtschaftlicher Vergleich der bei Maschinen verwendeten Getriebe mit fester und veränderlicher Übersetzung und ihre Anwendung auf Gleis- und gleislose Fahrzeuge. Von Max Silberkrüb, Regierungsbaumeister. Mit 137 Abbildungen im Text, 16 Abbildungen im Anhang und 15 Zahlentafeln. VII, 190 Seiten. 1929. RM 24.—; gebunden RM 25.50

Die Förderung von Massengütern. Von Dipl.-Ing. Georg von Hanffstengel, a. o. Professor an der Technischen Hochschule zu Berlin.
Erster Band: Bau und Berechnung der stetig arbeitenden Förderer. Dritte, umgearbeitete und vermehrte Auflage. Mit 531 Textfiguren. VIII, 306 Seiten. 1921. Manuldruck 1922. Gebunden RM 18.—
Zweiter Band: I. Teil: Bahnen (Wagen für Massengüter, Wagenkipper, Zweischienige Bahnen, Hängebahnen). Dritte, vollständig umgearbeitete Auflage. Mit 555 Textabbildungen. VIII, 347 Seiten. 1926. Gebunden RM 24.—
II. Teil: Krane und zusammengesetzte Förderanlagen. Dritte, vollständig umgearbeitete Auflage. Mit 431 Textabbildungen. VII, 332 Seiten. 1929. Gebunden RM 24.—